国家林业局普通高等教育"十三五"规划教材
高等院校园林与风景园林专业美术系列规划教材

园林水彩

（第2版）

LANDSCAPE WATERCOLOUR
（SECOND EDITION）

吴兴亮　高文漪　主编

中国林业出版社

主　编： 吴兴亮　二级教授（海南大学）
　　　　 高文漪　教授（北京林业大学）
副主编： 吴　卉　副编审（中国林业出版社）
　　　　 陆铎生　教授（广东水彩画研究会副会长、
　　　　　　　　　　　广州市美术家协会副主席）
　　　　 田　军　教授（贵州师范大学美术学院院长）
编　委： 宫晓滨　教授（北京林业大学）
　　　　 何启陶　教授（浙江农林学院）
　　　　 龙　虎　教授（广州美术学院副院长）
　　　　 刘　炜　教授（华南农业大学）
　　　　 昌玉莲　副教授（重庆大学）
　　　　 张小刚　教授（深圳职业技术学院）
　　　　 孟　斌　教授（河南农业大学）
　　　　 王立君　教授（河北农业大学）
　　　　 苏家芬　教授（广州职业技术学院）
　　　　 漆　平　教授（广州大学）
　　　　 张　纵　教授（南京农业大学）
　　　　 高　飞　教授（东北林业大学）
　　　　 丁　山　教授（南京林业大学艺术与设计学院院长）
主　审： 田宇高　教授（原中国水彩画学会副会长）
　　　　 高　冬　教授（清华大学建筑学院副主任、
　　　　　　　　　　　北京水彩画学会副会长）

国家林业局生态文明教材及林业高校教材建设项目

中国林业出版社
责任编辑　吴卉

图书在版编目（CIP）数据

园林水彩 / 吴兴亮, 高文漪主编. -- 2版. -- 北京:
中国林业出版社, 2017.3（2024.1重印）
高等院校园林与风景园林美术系列规划教材
ISBN 978-7-5038-8041-4
Ⅰ.①园… Ⅱ.①吴… ②高… Ⅲ.①水彩画–技法
（美术）–高等学校–教材 Ⅳ.①J215
中国版本图书馆CIP数据核字(2015)第140848号

出　版	中国林业出版社
	地址：北京市西城区德内大街刘海胡同7号 100009
	电话：（010）83143552
	邮箱：books@theways.cn
	小途教育：http://www.cfph.net
经　销	新华书店
印　刷	北京雅昌艺术印刷有限公司
版　次	2005年8月第1版（共印刷7次）
	2017年3月第2版
印　次	2024年1月第4次
开　本	889mm×1194mm　1/16
印　张	8.75
字　数	330千字
定　价	49.00元

高等院校园林与风景园林专业规划教材编写指导委员会

顾　问　陈俊愉　孟兆祯
主　任　张启翔
副主任　王向荣　包满珠
委　员（以姓氏笔画为序）
　　　　弓　弼　王　浩　王莲英
　　　　包志毅　成仿云　刘庆华
　　　　刘青林　刘　燕　朱建宁
　　　　李　雄　李树华　张文英
　　　　张彦广　张建林　杨秋生
　　　　芦建国　何松林　沈守云
　　　　卓丽环　高亦珂　高俊平
　　　　高　翅　唐学山　程金水
　　　　蔡　君　樊国盛　戴思兰

"高等院校园林与风景园林专业美术系列规划教材"编审委员会

主　任　李　雄（北京林业大学）
副主任　宫晓滨（北京林业大学）
　　　　丁　山（南京林业大学）
委　员（以姓氏笔画为序）
　　　　王立君（河北农业大学）
　　　　刘　炜（华南农业大学）
　　　　邢延龄（浙江农林大学）
　　　　吴兴亮（海南大学）
　　　　宋　磊（青岛农业大学）
　　　　张　纵（南京农业大学）
　　　　陈　杰（中南林业科技大学）
　　　　孟　滨（河南农业大学）
　　　　武晋安（北京林业大学）
　　　　赵伟涛（沈阳农业大学）
　　　　秦仁强（华中农业大学）
　　　　高　飞（东北林业大学）
　　　　高文漪（北京林业大学）

PREFACE 前 言

水彩画是一个以水为媒介，与透明水彩颜料调和，画在特制的水彩纸上，水色交融，使画面具有轻快、简洁、流畅、透明等特点。由于水彩画的绘画工具材料简便，绘画艺术效果独具一格，是其他画种不可代替的，也是成为我国绘画领域中最普及、最受画家喜欢的画种。在我国高等美术院校，特别是园林与风景园林专业中，都开设水彩画课，水彩画现已成为这些专业色彩训练的重要基础课程。

本教材是针对大学本科园林与风景园林专业水彩画教学大纲要求进行编写的。教材遵循由浅入深，从易到难的原则，从认识色彩到如何使用色彩，并通过色彩临摹和写生的训练，掌握色彩临摹和写生的基本规律。在水彩画技法方面，从不了解水彩再到初步对水彩画水分、时间和颜色的把握，从表现简单的物体到表现复杂的物体，从水彩静物画的教学逐步过渡到水彩风景画的教学。通过水彩画课程的学习，使学生具有对色彩的认识、观察、理解和分析的能力，具有对水彩静物与风景画的表现能力。

本教材共12章，其中第1、2、5、7、9、11、12章由吴兴亮编写，第3章由高文漪、吴卉编写，第1、4、6、8章由吴卉编写，第10章由田军、高文漪、吴卉编写，全教材由吴兴亮统稿。前11章集中介绍水彩画工具、色彩知识和水彩画技法，注重理论联系实际，把理论结合在技法运用中阐述。第12章为水彩画作品鉴析，目的是通过对优秀水彩画作品的鉴赏，了解水彩画家风格和技法，能够从中得到启迪，提高艺术修养和对水彩画的鉴赏水平。

本教材的水彩画鉴赏作品由田宇高、华宜玉、张举毅、章又新、漆德琰、刘凤兰、关维兴、高冬、王宣、杜高杰、杨义辉、周宏智、沈平、董克诚、龙虎、张安健、何启陶、宫晓滨、朱志刚、高文漪、李振镛、谢维岷、蒋智南、吴兴亮、陆铎生、苏家芬、费曦强、田军、吴昌文、王青春、吴卉、陈瑞娟等提供。田宇高、高冬为本教材的主审。在此一一致谢。

编者
2016年10月

目 录 CONTENTS

前 言
- 001 **第1章 水彩画的概述**
  - 1.1 水彩画的概念
  - 1.2 水彩画的发展简史
  - 1.3 园林专业水彩画的教学特点
- 008 **第2章 水彩画的工具与材料**
  - 2.1 水彩画的颜料
  - 2.2 水彩画的纸
  - 2.3 水彩画的笔
  - 2.4 水彩画的其他辅助工具
- 012 **第3章 水彩画色彩知识**
  - 3.1 色彩的基本原理
  - 3.2 色彩的三要素
  - 3.3 色彩的原色、间色和复色
  - 3.4 色彩的对比
  - 3.5 色调
  - 3.6 色彩的观察
- 022 **第4章 水彩画的基础知识**
  - 4.1 水彩画颜料调配与使用
  - 4.2 水彩画的用笔
  - 4.3 水彩画笔法与运用
  - 4.4 水彩画水分、时间和颜色的把握
- 028 **第5章 水彩画的基本技法**
  - 5.1 干画法
  - 5.2 湿画法
- 034 **第6章 水彩画的其他画法**
  - 6.1 铅笔淡彩画法
  - 6.2 木炭淡彩画法
  - 6.3 钢笔淡彩画法
  - 6.4 木笔水彩画法
  - 6.5 水彩单色画法
- 040 **第7章 水彩画的特殊技法**
  - 7.1 撒盐法
  - 7.2 沉淀法
  - 7.3 水滴法
  - 7.4 水渍法
  - 7.5 点彩法
  - 7.6 洗涤法
  - 7.7 砂纸去色法
  - 7.8 划痕法
  - 7.9 涂蜡法
  - 7.10 纸上做基底法
  - 7.11 白色的使用
  - 7.12 留空法
  - 7.13 遮挡法
  - 7.14 浆糊调色法
  - 7.15 色纸法
  - 7.16 罩色法
- 047 **第8章 水彩静物画技法**
  - 8.1 水彩静物画的临摹
  - 8.2 水彩静物画的照片改画
  - 8.3 水彩静物画的写生
  - 8.4 静物水彩写生
- 066 **第9章 水彩风景画技法**
  - 9.1 水彩画风景画的临摹
  - 9.2 水彩风景画的照片改画
  - 9.3 水彩画风景的写生方法
  - 9.4 水彩风景画的取景和构图
  - 9.5 水彩风景画的写生观察方法
  - 9.6 水彩风景画常见景物的表现
  - 9.7 水彩风景画写生方法与步骤
  - 9.8 水彩风景画速写
- 098 **第10章 水彩渲染与常见景物的水彩表现**
  - 10.1 水彩渲染
  - 10.2 园林亭、台、楼、阁的水彩画表现
  - 10.3 园林、台阶、别墅与园林小品的水彩画表现
  - 10.4 园林景观综合水彩表现
- 110 **第11章 水彩画中应注意的问题**
  - 11.1 画面"脏"的问题
  - 11.2 画面"灰"的问题
  - 11.3 画面"火"的问题
  - 11.4 画面"花"的问题
  - 11.5 画面"闷"的问题
  - 11.6 画面"薄"的问题
- 112 **第12章 水彩画作品的鉴赏**
- 136 **参考资料**

第 1 章
水彩画的概述

LANDSCAPE WATERCOLOUR

1.1 水彩画的概念

广义来说，水彩画是以水调和水性颜料在纸上实施绘画的画种，包括透明的水彩画和以水为媒介的水粉画、丙烯画及蛋彩画。狭义来说，水彩画是以水为媒介，与透明水彩颜料调和，画在特制的纸上实施绘画，使画面水色交融，水分淋漓，具有轻快、简洁、流畅、透明等特点。

水彩画的艺术内涵是指水彩本身具有独到的艺术特点和美学价值，水彩画与其他绘画一样，除了其本身的材料和技法不同外，在造型、素描关系及色彩原理方面与其他绘画要求一致。由于水彩画的媒材、技法决定了水彩画的本体语言，这种本体语言的特点使水彩画能够独树一帜，成为具影响力的独立画种。经过漫长的时间和众多水彩画家的努力以及尝试，水彩画形成了各种的流派以及多种多样的画面效果。由于水彩画的特殊绘画工具与材料，使得水彩画的绘画艺术效果独具一格，是其他画种无法替代的。

作品名：《崖下》
尺　寸：30cm×50cm
作　者：波宁顿（英）

水彩画在意境以及技法方面与中国水墨画有着很多神似以及相通之处，使得水彩画进入中国后很容易被大家接受和喜爱，也成为我国绘画领域中最普及、最受画家喜欢的画种。我国一些高等美术院校开设了水彩专业，特别是园林、建筑学专业中，都开设有水彩画课，水彩画已成为园林、建筑专业色彩训练的重要基础课程。

1.2 水彩画的发展简史

水彩画这门艺术起源于欧洲，发展并成熟于英国。最早的水彩画是从16世纪德国的著名画家丢勒（Durer Albrecht，1471—1528）开始，17世纪的荷兰画家，如鲁本斯（Peter Paul Rubens，1577—1640）、凡·戴克（Anton Van Dyck，1599—1641）对水彩画的技法和工具材料使用等方面进行了大胆的探索。水彩画引入英国后，英国水彩画是在16—17世纪地形景物画的基础上发展起来的。英国的地理环境，温带海洋性气候非常适宜画水彩画。画家约翰·怀特（John White，1856—1915）和温西斯勒斯·霍拉（Wenceslaus Hollar，1607—1677）以水彩画作为绘画工具，表现地形的自然景物，创作了大量的单色水彩画作品。18世纪英国水彩画家保罗·桑德比（Paul Sandby，1725—1809）等人在水彩画的技法、工具和材料等做了许多改进和创新。托马斯·吉尔丁（Thomas Girtin，1775—1802）、理查德·帕克斯·波宁顿（Richard Parkes Bonington，1802—1828）、威廉·特纳（Joseph Mallord William Turner，1775—1851）等水彩画家，他们对水彩画色彩运用有了新的认识，以丰富的色彩来表现大自然景色，使英国水彩画取得了突破性的进展，不少画家如约翰·瓦利（John Varley，1778—1842）努力使水彩画达到像油画一样有较强的表现力，从而使单色水彩画发展成为多色水彩画的基础上更进了一步。到了19世纪后，英国的水彩画得到前所未有的发展，出现许多的专门水彩画家和大量的优秀水彩画作品，他们把英国的水彩画推向世界画坛，并在世界画坛真正确立了水彩画独立的地位，为世界水彩画的普及与发展开拓了新的局面作出贡献。进入20世纪，由于各国经贸往来和文化交流，英国水彩画艺术也随之传至世界许多国家。这个时期英国等国家

作品名：《云与湿沙》
尺　寸：22.9cm×29.2cm
作　者：特　纳（英）（左上）

作品名：《约克夏·里满士》
尺　寸：32.2cm×47.2cm
作　者：格尔丁（英）（右上）

作品名：《邓巴附近的海岸风》
尺　寸：32.5cm×47.5cm
作　者：罗斯全（英）（右下）

作品名：《穿越拱门》
尺　寸：32cm×41cm
作　者：泰勒

作品名：《法国农场》
尺　寸：28cm×39cm
作　者：约瑟夫

作品名：《黑水边上的小船》
尺　寸：35cm×53cm
作　者：雅德理

画坛中，也出现了许多著名的水彩画家，如英国的爱德华·韦森（Edward Wesson，1910—1983）是20世纪英国最杰出的水彩画家，他认为水彩应当一次完成，反对使用底色纸、撒盐等技巧，所以他的作品单纯、透明、亮丽、极具个性。美国著名水彩画家安德鲁·怀斯（Andrew Wyeth，1917—2009），他的作品多是采用写实画法，其画面用水很少，以笔蘸少许的水彩颜色，运用近乎皴、擦、点、染等方法表现景物。当代水彩画家还有英国的约翰·雅德理（John Yardley，1933—），他是英国水彩画坛最著名画家之一，他的画简约概括，用笔肯定，作品更是达到炉火纯青的地步。迈克林·查普林（Michael Chaplin，1943—），他的水彩风格显出清晰、真实，形象的画面在色彩运用上很合理到位。澳大利亚的大卫·泰勒（David Taylor，1941—），他的水彩风格既优雅大胆又松弛自由，潇洒豪放的笔触下表现出丰富的色彩。维多利亚的约瑟夫·祖布克维克（Joseph Zbukvic，1952—），1970年他移民澳大利亚，其水彩风格将更多的注意力放在色彩的影调轻重上，注重光线，气氛和情绪的传达出各种不同颜色。阿尔瓦罗（Alvaro Castagnet，1954—）出生在南美乌拉圭的蒙得维的亚，1983年移民澳大利亚。他的水彩作品色彩明快，用水着色自如，用笔的随机性和随意性使得画面明丽、清新、简洁。罗斯·派特森（Ross Paterson，1946—），他的水彩画别开生面，在发挥水与彩的艺术语言之美方面，创作出了独具特色的风格。还有瑞典籍波兰的斯坦尼斯·佑拉兹（Stanislaw Zoladz，1952—）是写实水彩画家，在他笔下的石头海滩、波浪，以及透过水面下面的石头和青苔，既有素描造型的严谨，又有水彩灵动笔法的结合，色彩很有力量。

水彩画传入中国仅有一百多年的历史。实际上，早在公元10世纪五代宋初的著名画家黄筌、徐熙、孙崇嗣的没骨写意花鸟画只对描绘对象颜色渲染，不对外轮廓线和骨干线勾勒，笔法粗放随意，水色轻快流畅，自然生动，与水彩画的技法颇为接近。由于水彩画与传统的中国水墨画在工具性能、运笔技巧以及用水技法上有很多相同的地方，很多外国人亦认为我们的中国画亦是水彩画。从广义来说，中国画在毛笔，水溶性颜料及以水为媒介这点看，中国画也符合水彩画的定义。但这里讲的水彩画，由于在观察方法，表现技法，甚至画幅尺寸都是遵循西洋画的法则，所以它应归属西洋画的范畴。

水彩画19世纪传入我国后，水彩画以水韵彩，风味独特，故较易为中国画家所接受，也为大众所喜爱和借鉴，为水彩画在中国发展打下了良好的基础。水彩画传入中国后便吸收了中国画的特点，并将中国画用笔特点和意境处理融会贯通。五四运动以后，一批出国留学生先后学成回国，引入了水彩画的理论和技法，促进了水彩画在中国的发展。这时期的中国画坛中，也出现了许多著名的水彩画家，如著名水彩画家张眉孙（1894—1973），他的水彩画喜用干画法，并汲取中国传统的山水画意境处理，笔法上富有民族特色。关广志（1896—1958）是我国最早而且极有影响的水彩画家。在他留学英国期间，专门研究水彩画，他的水彩画，画法独具一格，运用空白填色透明画法，一次完成，用色薄而透明，

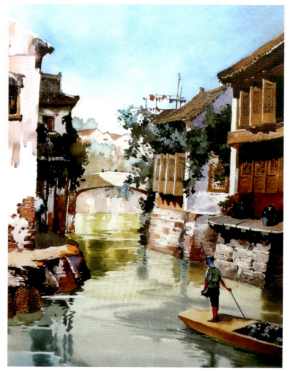

作品名：《黄山写生》
尺　寸：35cm×25cm
作　者：潘思同（左上）

作品名：《水乡》
尺　寸：40cm×30cm
作　者：李剑晨（右上）

作品名：《荷花玉兰》
尺　寸：54cm×39cm
作　者：王肇民（左下）

作品名：《上海九曲桥》
尺　寸：35cm×28cm
作　者：哈定（右下）

但感觉浑厚，用色洗练，点染渗化，干净利落，无复笔，无脏色，色彩艳丽，笔法有致，自成一体。李铁夫（1869—1952），以油画闻名，但在水彩画方面的成就也非常突出，是中国20世纪最著名的水彩画家之一。在色彩表现和运用水彩画的干、湿技巧等方面已十分成熟，画面从透视、空间、层次及水彩画的技法表现来看，完全

作品名：《三潭印月》
尺　寸：27cm×29cm
作　者：张眉孙

作品名：《鱼》
尺　寸：25cm×30cm
作　者：张充仁

无懈可击，大气而脱俗，体现出一个水彩画家娴熟扎实的艺术功力。李叔同（1888—1942），是我国早期留学的水彩画家之一，使用中国画的艺术语言，用水彩材料加以绘制。一生坚持外景写实，画风采取印象派技法。李咏森（1898—1998），他在水彩画作中，用笔、用色和对水分的控制合理到位，把水彩与国画技法交融使用，倒也别具一格。李剑晨（1900—2002），他的水彩画以娴熟的西画技法结合中国风土生活及东方色彩情调，形成独特的艺术语言，讲究意境隽永，用笔洒脱，用色于浑厚中见清新，构图于稳健中有变化，对题材的开拓也颇为着力。潘思同（1903—1980）擅长描绘风景，豪放的笔触，丰富的色彩，在技法上达到了炉火纯青的地步。张充仁（1907—1998），他的水彩画风格以融合中国水墨的没骨法闻名。王肇民（1908—2003）的水彩画打破了一般薄涂淡彩的画法，用色浓厚，给人一种油画的厚重感觉，加上他讲究笔力气韵，不加雕饰，干湿兼用，淡雅中有筋骨，浓重里有光泽，特别是喜爱用红绿与黑白诸色，使许多画面形成高度反差的有力对比。哈定（1923—2004），他的水彩画热情奔放，重情趣，重意境，色彩上凝重高超，笔法挥洒自如，在水彩画中运用光色方面有独到之处，形成形神兼备、技法动人的效果。古元（1919—1996），他的水彩画透明、清新、流畅，具有明显的版画趣味。吴冠中（1919—2010），他的水彩画作品重形式美感，强调中国的意境美与西方的形式美相结合，追求的是中国优秀传统绘画的继承和发展。

20世纪50年代，中国水彩画艺术出现了蓬勃发展的新局面，举办了首届全国性水彩、速写展览，其中水彩画超过全部展件的半数。这次展览不仅可以看出当时水彩艺术的成就，而且也展示了中国水彩画家队伍的阵营，为发展和繁荣中国水彩画奠定了基础。60年代初，全国美协多次举办国内及出国水彩画展览，进一步推动了中国水彩画艺术的发展，使中国水彩画在国际画坛上有一定影响。之后，由于"文革"，水彩画的发展

受到影响。80年代以后，国际交流日益加强，中国水彩画在复苏的基础上得到迅猛的发展，形成多样化的局面，带来了中国水彩画丰富多彩的面貌，中国人以自己对水色特有的感悟力和对笔纸的创造力，形成了具有民族风格的中国水彩画。

中国人画水彩画尤为得天独厚，是由于水彩画有着西方绘画的长处，也有着中国人擅长把握的水墨画的灵性。中国水彩画从李剑晨开始，力求把西方的水彩画与中国的传统水墨画融合在一起，借鉴西方的水彩画语言来发展中国的水彩画。中国水彩画艺术效果丰富、方法多样，出现了许多流派、多种风格并存的局面，其水彩画的观念和技法也有较大的转变。中国水彩画家们创作的作品已经摆脱了水彩画"小品"的局限，能比较深入细致地刻画主题，这些水彩画作品不仅开拓了水彩画的题材范围，在水彩画技法运用上，也达到了一个新的高度。由于对原有水彩画创作观念的改变，除题材创新外，在材料等其他方面，也都有广阔地开拓。打破了水彩画固有的工具和材料，艺术形式上也出现了分化，特别受现代艺术新思潮以及其他画种艺术形式处理的影响，产生了一批优秀的水彩画作品，打破传统的构图原则，由单纯的点线面构成的作品到具平面装饰味的作品等。技法方面的创新是在传统的基础上发展起来的，充分运用了水彩画的艺术语言，传统水彩画中的用笔技法、水分运用、写意性在水彩画表现等方面，都显示出中国水彩画的特色，有借鉴的地方。技法的创新只能附属在水彩画本体语言之上。因此，无论水彩画如何发展，都要坚持水彩画的本体语言，要坚持把中国写意的东西融合在中国的水彩画中去，强调中国的意境美与西方形式美相结合，追求中国人的审美趣味，在探寻水彩画技法特性和水彩画创作表现思路的同时，要更好地认识和掌握水彩画表现的规律性，牢牢把握住水彩画本体语言的特点，使得中国水彩画艺术日益蓬勃发展。

作品名：《秋爽》
尺　寸：39cm×55cm
作　者：华宜玉

1.3 园林专业水彩画的教学特点

在中国高等院校，园林专业开设水彩课不仅是色彩学训练和园林设计的重要基础训练，而且是通过水彩画训练来提高园林专业学生的艺术修养的重要环节，园林专业学生的艺术修养直接影响着他们今后的园林设计作品的创作。教学实践结果证明，凡在素描课和色彩学课优秀的，大部分在之后园林设计学习中成绩也是优秀的。园林专业用水彩画在表现自然风光，表现若隐若现的田野、山川和树林，表现建筑中亭、台、楼、阁，表现园林古刹和村舍庭院，可以充分发挥水彩画的性能，具有其他画种不可代替的艺术特点。园林专业水彩画的学习有着自身特点。首先，我们要考虑到园林专业的学生在绘画技法方面的欠缺，特别是在进校前没有绘画基础，有的高等院校园林专业学生几乎从零开始。园林专业学生虽然在进校后学习了素描等有关绘画技能，但就水彩画对园林专业的学生来说仍然陌生，加上水彩画技法难度比其他画种大，这就要求园林专业教师在水彩画教学过程中更要注意它的特点。园林专业的美术教学课程安排要打破一般美术院校的教学模式，在教学中不能过急，更不能将美术专业的教学方法套用过来。不论从范画的选择、课程的内容、技法的示范、色彩的训练等，都要根据园林专业学生的特点以及水彩画教学的特点，结合园林专业美术教学安排的学时数进行合理安排，摸索出一套适合园林专业水彩画教学模式。

园林水彩画教学基本目的是培养学生的审美能力和基本绘画能力，水彩风景画教学则是园林专业教学必修的基础课程，是园林专业学生必须掌握的绘画技能。园林专业水彩画教学根据园林学生的特点，遵循由浅入深，从易到难的原则，课程安排从学习水彩静物画的教学逐步过渡到水彩风景画教学。一般来说，第一阶段安排静物临摹、改画照片和写生。首先从临摹静物水彩画入手，临摹是水彩入门的一种最好的学习方法，临摹优秀的水彩画会达到事半功倍的效果。通过临摹要求学生初步掌握简单的画面构图，懂得水彩画的性能及工具的使用，了解水彩画的色彩基础知识，掌握水彩画水分、时间和颜色的运用，并在较短时间内吸收别人的水彩画技法。接着安排静物照片改画，静物照片改画是水彩写生入门的一种最好的学习方法，照片改画要求学生初步掌握水彩画表现实际静物的绘画过程。在几幅静物照片改画的基础上，接着安排静物水彩画写生。静物写生也是遵循从简单到复杂的过程，要求学生掌握静物的搭配及构图，掌握水彩画表现的基本技法，掌握干画法和湿画法的运用，懂得色彩基础知识在静物水彩画写生中的运用。第二阶段安排风景临摹、照片改画和写生，由于园林专业美术教学安排的学时数有限，有的院校园林专业以室内临摹为主，室外写生次数少，不管什么教学方法，期终一定要安排一次风景画写生实习，让学生在掌握的色彩基础知识和初步色彩实践的技能上，学会天空、远山、树木、水与地面等景物的表现，学会简单建筑物，如亭、台、楼、阁，以及园林常风景物的表现，并针对于园林专业的特点侧重其实用性。通过水彩画课程的学习，使学生具有运用钢笔和水彩等工具表现钢笔淡彩风景画的能力；初步掌握水彩画各种表现技法，并初步达到对水彩静物与风景画的表现能力。

第 2 章
水彩画的工具与材料

LANDSCAPE WATERCOLOUR

"工欲善其事，必先利其器"。水彩画的工具材料与画好水彩画有着密切关系，选择好工具材料是画好水彩画的基本条件。但水彩画初学者，特别是园林专业的同学对水彩画工具材料了解不够，舍不得花钱买质量较好的工具和材料，由于工具和材料品质差很难达到预想的效果，更是无法企及教师所做范画，这样一来学生容易产生挫折感而失去了画好水彩画的信心。园林专业水彩画课程学时安排都不充足，而由于工具和材料品质差造成几次水彩画作业失败不值得。所以在学习水彩画时，其工具和材料最好与美术老师一致，这样才能达到有效的学习目的。实际上，水彩画与其他画种相比，学习工具和材料简单且经济。目前，绘画专卖商店及网购有关水彩画方画的工具与材料很多，现就常用的几种工具与材料作简要地介绍。

2.1 水彩画的颜料

水彩画颜料具有较强的透明特性。大致分为：固体水彩颜料、半干水彩盒装水彩颜料和液体水彩颜料3种，通常水彩画所用颜料多是用染料加上甘油、水、树胶等媒介调和而成的铝管装液体水彩颜料，使用较方便。市面上，可供使用的水彩画颜料较多，初学者一般选用国产水彩画颜料便可。国产的水彩画颜料有天津产的温莎牛顿和上海产的马利牌等颜料，各省市美术商店均有售。国外进口的水彩画颜料产品很多，色彩的透明度及色彩的还原效果都不错。特别是英国产的普鲁士蓝、深镉红、树绿、镉黄，法国的群青等，但国外进口的水彩画颜料价格昂贵，通常专业水彩画家所选用有英国产的温莎·牛顿颜料，意大利产的威尼斯颜料，荷兰产的凡·高颜料，日本产的荷尔拜因、樱花颜料和韩国产的新韩颜料等。水彩画中常用的颜料有柠檬黄、中黄、土黄、橘黄；橘红、朱红、大红、深红、玫瑰红、土红；湖蓝、酞菁蓝、普蓝、群青、青莲、紫罗兰；草绿、浅绿、橄榄绿、翠绿、深绿，还有熟赭、熟褐和凡戴克棕。可购买12色、18色或24色盒装的颜料，同时多备几种单支颜料，如土黄、赭石、熟褐、大红、普蓝、群青等，因为这几种颜料在水彩画中比其他颜料用量多，用得快。黑色和白色在水彩画中要慎用和少用，因为在真正的水彩画中，白色的水彩画纸是纸张本色，一般是用留白方法可解决亮部。如果在水彩画中使用白色，画面会带有粉气而发灰，水彩画应有的透明特点会被削弱。而黑色用得不好就会使色彩混浊、暗淡和沉闷，初学者可用管装培恩灰颜料。

在水彩画的学习中最为重要的不是如何调色，如何渲染，摆在初学者面前的首要任务是训练和培养正确的色彩观察能力和判断能力，分清"颜色"和"色彩"在概念上的根本区别。了解和建立正确的色彩观念，如水彩画颜料中没有现成的暗色，如何调出暗色？不要害怕混合暗色，每个绘画人都应养成习惯，任何暗色物体不应是简单的黑色，而都是具备丰富的色彩的，是用调出的暗色去画出黑色感觉。

水彩画颜色挤入调色盒的顺序一般按色轮

水彩画工具

顺序排列即：白、柠檬黄、藤黄、中镉黄、土黄、橘黄、朱红、大红、玫瑰红、深红、赭石、熟褐、凡戴克棕、翠绿、草绿、橄榄绿、深绿、天蓝、钴兰、普蓝、酞菁蓝、群青、青莲、培恩灰，也可以按个人的习惯排列，但按色轮顺序排列，在使用颜色时，邻色之间不易互相污染。

2.2 水彩画的纸

水彩画对用纸要求较高，一定要选用美术用品商店出售的专用水彩画纸。水彩画纸品种很多，有纯棉浆和木浆制造，分手工制纸和机制纸。手工制纸的四边不规则，机制纸四边整齐，这两种类型的纸容易区别。手工制的水彩画纸是毛边的、往往有水印，价格昂贵，机制纸的水彩画价格能让初学者接受。水彩画纸要求质地坚实，色泽洁白，纸的表面纹理有规律。水彩画纸就纸面而言，分粗面纸、中粗面纸和细纹面纸，粗面纸纹理粗糙具有吸水性强和用水量大的特点，水色在纸上的互相渗透能够产生无穷的变化并出现意想不到的画意与韵味，粗面纸容易产生飞白，飞白是水彩画一种特殊技法。

细纹面纸吸水性不强，多用于铅笔或钢笔淡彩，细纹面纸适合表现精细的效果。水彩画纸是按照重量分类出售的，通常是纸张的重量越大，吸水性能就越好。国产水彩纸重量一般是$150g/m^2$、$180g/m^2$，$200g/m^2$以上较少见到。国外进口的水彩画纸重量一般是$190g/m^2$、$300g/m^2$、$425g/m^2$和$600g/m^2$，常见有英国产的博更福和获多福（霍多夫），法国产的阿诗、枫丹叶、巴比松、梦法儿，德国产的斯柯勒，意大利产的法布亚诺等，还有日本产的荷尔拜因，但价格比较贵。实际上，国产$300g/m^2$宝虹水彩纸的质地、吸水性能和着色性能也不错，能产生较好的笔触和渗透效果，也可以画出优秀的水彩画作品，对初学水彩画的园林专业学生来说可以使用。初学者练习水彩画时最好用较厚的纸不易起皱，较薄的纸张水色上去后容易起皱，影响画面整体效果。为了避免纸张起皱，作画之前可将画纸用水胶带裱在画板上。裱纸的方法是用清水浸泡水彩纸数分钟后，平放在画板上，然后用水胶带裱上，干后即可使用。外出写生建议买四边封胶国产的宝虹、英国产的获多福（霍多夫）和法国产的阿诗水彩画纸本，画好一张撕一张，使用方便。此外，有的画家利用有色纸制作水彩画，会得到意想不到的效果，用有色纸画水彩画，画面色调更容易统一。有色纸有浅橘黄色、浅褐色、浅灰色等。

目前，市面上仿制的水彩画纸很多，园林专业的学生很难鉴别。水彩画纸质量鉴别是靠长期使用积累的经验。纸的质量可从几个方画鉴别：①颜色在水彩纸上干后的色彩还原效果，是发灰还是艳丽透明；②水彩画纸在画面干后是否起皱，优质纸在画时稍有起皱，干后画面会自然平展；③水彩画颜色与水分在纸上调和后是否有淋漓漫浸韵的感觉；④用湿重叠或湿衔接的方法表现物体，纸上的色与水之间是否有相互渗化、自然晕开的效果；⑤在水彩画的制作过程中，水彩画纸背面是否透过水色。吸水性能是一项非常重要的选纸指标，吸水性要求适中，很多太结实又光滑的纸，不吸水，妨碍了水彩颜料的依附，留不住颜色。吸水性太强，一下笔即吸干，颜色抹上去，不易衔接，颜色干湿差异很大，这两种纸都不利于水彩画的绘制，所以要求适中。至于纹理的粗细就视每个人的喜好或所画的题材及画幅大小而定，初学者可对各种表面和不同重量的水彩画纸作相同的技法实验后，选择适合自己的水彩画纸。如没有鉴别水彩画纸能力，必须在水彩画老师的指导下购买。

2.3 水彩画的笔

美术用品专卖商店有专用国外进口的和国产的水彩画笔出售，分圆头、平头两种。国外进口有德国产的达·芬奇纯貂毛水彩画笔和比利时产的马蒂尼松鼠毛水彩画笔，还有日本产的平头排刷水彩画笔等都是很好用的水彩画笔，由于价格昂贵，为专业水彩画家所选用，初学者一般选用国产水彩画笔就可以了。另外，画中国画用的大白云笔、山水笔、叶筋笔、衣纹笔等都可以用于画水彩画。水彩画用笔一般要求吸水量大，笔毛的弹性好，水彩画笔毛有羊毫和狼毫之分，狼毫笔比羊毫的弹性要好，现在市画上出售水彩画笔大多是羊毫制的。在学习阶段一般选购两支大小型号不同的平头竹竿水彩笔，两支国画用的大、中白云笔，两支衣纹或叶筋笔。另外，还要准备一支较大的平头排刷笔，在刷清水和画大面积的背景时使用。平头竹竿水彩笔以北京生产的为上品，吸水量大，用笔面积大，笔毛的弹性好，用来画静物水彩画的背景和铺大面积底色，以及风景画中的天空、远山和地面等。画静物如水果类、花卉类、陶瓷的细部，以及风景画中树枝和深入刻画时线条处理用大白云笔、衣纹或叶筋笔效果好。圆头水彩画笔在运笔或笔触等方画也不错，特别画树及远山时效果更好，所以画家们也用得较多。水彩画笔是根据画家的需要所选用，写实水彩画法的作品可选用小号笔，写意画法作品可选用较大的笔。水彩画用笔是根据景物的结构采用不同的笔触，一般大面积的画面以及画整体关系时用大号笔画，刻画景物的细节部分用小号笔。由于画水彩画要求画面上的水分饱满，笔触流畅，衔接自然，使画面湿润而浑厚。所以不管用大小笔，下笔要肯定、果断，一气呵成。

在画笔在画完之后，不要将画笔浸泡在洗笔桶里，要用清水将画笔洗净，笔头要回复原形状，变了形的画笔会影响水彩画绘制效果。

2.4 水彩画的其他辅助工具

2.4.1 调色盒

调色盒是水彩画必不可少工具。画水彩画一定要使用特制的水彩画调色盒或调色盘，不能用水粉画调色盒代替水彩画调色盒，水粉画调色盒没有较多的调色面积。水彩画调色盒大小型号分12~35格不等，以金属制品和塑料制品为主。使用调色盒要注意，画完水彩画后也应及时清洗调色盒，并用湿布将盛色的格子盖上，关紧调色盒盖，以免水彩画颜色变干，对调色盒内干涸的颜色要清洗干净。在夏天，为防止颜料干涸，可以在盛有颜色的格子内加几滴水或甘油，使颜料保持湿润，有利于多次使用；外出写生时调色盒不能倒置或斜放，以免色彩相互流动而浑浊。

2.4.2 画板或画夹

绘画专卖店有各种类型的画板、画夹或画包出售，以四开纸张的画板或画夹使用方便。一般来说室内作画用画板，在室外写生最好选用画夹作画，既可存放水彩画纸，以保护画纸，又可以存放已完成的水彩画作品。

2.4.3 小凳

绘画专卖店有各种类型的小凳出售。外出写生要准备一个轻便、坚固易携带的小凳。

2.4.4 洗笔器

洗笔器是用来洗笔的。常用的有塑料桶、小型提桶、搪瓷杯和绘画专卖店出售的折叠式水桶等。如果外出写生，折叠水桶较为方便，同时可备一个军用水壶，用来贮水备用。

作品名：《干花》
尺　寸：54cm×76cm
作　者：吴兴亮

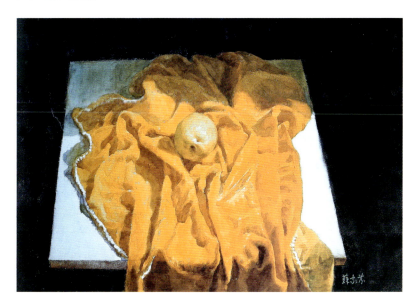

作品名：《黄布与梨》
尺　寸：54cm×78cm
作　者：苏家芬

2.4.5 铅笔

用中华牌B或2B铅笔较好，由于水彩画用纸是特制的，颜色画上去有透明的特点。3B以上的铅笔太软，画轮廓时容易将画纸画脏，上色后影响透明效果。

2.4.6 橡皮擦

橡皮擦用于擦掉起稿时多余的铅笔线，但水彩画作画应尽量少用橡皮擦，因为橡皮擦容易擦伤水彩画纸，影响画面效果。需要用时，要选择质量好的橡皮擦，以软质橡皮首选。橡皮擦除用于涂改外，使用得当也可以作出特殊效果，如需要画面有沉淀的特殊效果时，可在上色前用橡皮擦将水彩画纸满擦，沉淀的特殊效果在上色后就会出现。

2.4.7 海绵

用海绵饱蘸水把水彩画纸打湿，也可用海绵饱蘸颜色直接在画面揩擦。一般用海绵揩擦出画面需要的特殊效果，如表现树木上的树叶亮部效果是水彩笔无法代替的。

2.4.8 刀子

除用来裁纸和削铅笔外，在画面需要时，也可用刀干刮和湿刮画面上的颜色，以获得特殊效果。

2.4.9 遮挡液

在画水彩画时，为了不影响画面的整体效果而需要一些细节留白的时候可使用遮挡液保留住纸张本色。遮挡液是一种液体胶，与水不相溶，画水彩画前按需要先画上去，遮挡液自然干后形成一层膜盖，等画面干后可将用橡皮擦去遮挡液后再进行绘画。

2.4.10 食盐

画雪景时，趁画面潮湿之际撒食盐可以产生雪花的特殊机理效果，除此之外，在表现老墙、色彩多变的背景，或沙滩和草地等，采用撒食盐可以得到辅助画面的机理。

此外，水胶带纸、砂纸、丝瓜瓤、毛巾、吸水纸、肥皂、彩铅、熔化的蜡、蜡笔、丙烯聚合剂、松节油、明矾水、橡胶水、外用酒精和油画棒都可作水彩画的辅助工具。

第 3 章
水彩画色彩知识

LANDSCAPE WATERCOLOUR

根据画种的分类色彩画可分为油画、国画、丙烯画、水彩画、水粉画、色粉画等，无论哪一种色彩画都是用色彩来表现客观对象的，色彩是绘画表现的重要语言。色彩写生训练课不仅是为了提高园林设计学生的绘画能力和设计水平，更重要的是提高学生色彩的审美能力。所以学习水彩画第一步应先认识色彩，只有掌握最基础的色彩知识才能在水彩画实践中运用自如。水彩画是用色彩表现客观对象和主观感受，画面有了丰富和准确的色彩才能更加充分地表现对象，也能更充分地表达情感。学习色彩的基础理论，了解色彩的基本原理，掌握色彩的基本规律，是学习水彩画的重要课题。

3.1 色彩的基本原理

我们所生活的世界充满着丰富色彩，我们之所以能够感觉到这些色彩，是因为有光的作用，没有光就没有色彩，实际上是光创造了五彩缤纷的色彩世界。早在1666年，英国伟大的物理学家牛顿就通过三棱镜片分析出了倾向白色的日光是由红、橙、黄、绿、青、蓝、紫七种色光组成，并称之为光谱，也因此明确了光与色的关系。我们研究色彩，始终要紧密地把色和光联系在一起来，七色光谱所包含的颜色是所有物体颜色的科学依据。自然界不同物体表面的微粒自然地、有选择地吸收与反射不同色光，所反射的色光，就是我们感觉和认识的不同物体基本色。物体的色彩并非固定不变，光的强弱，光的照射角度，光本身的色彩倾向变化，这都会引起物体基本色的变化。早期的欧洲古典主义画家们是在室内画色彩画的，他们总是将画面的色调画成深褐色。随着科学的进步，人类对于光学的认识和了解有了突破性的进展，19世纪，画家们开始逐渐认识到光在色彩绘画中起着重要的作用，认识到色是在光的照射下而产生的，在不同时间、环境、气候等客观条件下，受不同光的支配而有各种不同色

彩。于是一些画家们走出画室，来到大自然中，通过写生，潜心研究光与色彩的规律，这些画家被称之为"印象派"。法国画家，印象派代表人物和创始人之一莫奈为了研究光与色的关系，常在不同的时间和光线下，对同一对象连续多幅描绘，记录下瞬间感觉印象和他所看到充满生命力和运动的东西，从自然光色变幻中抒发瞬间的感受，体会瞬息万变光对色彩的影响，他以对色彩的敏锐感觉，画出了充满着光感的、色彩变化丰富的风景画。他和印象派的画家们从理论和实践上发展了绘画色彩学，开拓了绘画的新局面。

3.2 色彩的三要素

3.2.1 色相

即色彩的相貌，它是区分色彩的主要依据。它能体现出每种颜色的主要特征。如深红、大红、朱红、橘黄、中黄、柠檬黄、草绿、翠绿、湖蓝、普蓝、群青、紫罗兰、玫瑰红、土黄、土红、赭石、熟褐、橄榄绿、米黄、奶黄、银灰、铁灰、藏青等。

在色彩的应用中，通常是按照太阳光谱的次序把色相排列成环状形称为色相环，在这个色相环上表示了色相序列和色彩相互关系。色环是指导我们认识颜色、研究颜色、调配颜色和使用颜色的必不可少的依据。

在色相环的应用理论中，基于不同的观点，有着不同的色相环。通常是先画一个圆形，在此圆形的基础上加大半径再画一个同心圆，将大圆分作12等分，与小圆连接后出现12个扇形，把三原色分别放置在与等边三角形相对的扇形中，三间色放置在与间色的三角形相对的扇形中，这样每个原色和每个间色之间就出现了一个空白格，这个位置就是相应的原色与间色所调配出的色。通过光谱的三原色制作的12色色相环，虽然只有12种色，但依据它做不等量的颜色调配，可以进一步调出24色、48色等，依此法我们能够调配出无数颜色。

3.2.2 明度

即色彩明暗深浅差别。明度变化包括两个方面：一是指不同色相间存在明度差别，在红、橙、黄、绿、青、蓝、紫中，紫色的明度最低，黄色的明度最高。二是指某一色深浅差别，如同是红色中的朱红、大红、深红，以及黄色中的柠檬黄、中黄、橘黄，但是一种比一种深，明度上有差别。在去掉了颜色成分的黑白照片中能很明显地体现出每个色相的明度关系。明度的强弱程度通常用高、中、低来表示，例如，高明度、低明度。

3.2.3 纯度

即色彩的饱和度、彩度，指色彩的鲜艳纯净程度。从色相环上看到的色彩都是纯度比较高的颜色，但如果将某个颜色和它的补色或黑色、灰色相调和，其颜色的纯度就会大大降低，调和的颜色种类越多，色彩的纯度就越低。在颜色的混合中，如将三原色相加则出现黑色或灰色。

3.3 色彩的原色、间色和复色

3.3.1 原色

我们知道，受光的物体因物质微粒的不同，有选择地吸收与反射了不同的色光，反射出的色光就是我们所看到的物体颜色，形成了不同物体的色彩。尽管自然界的色彩千万种，但从色彩学理论上讲只有红、黄、蓝3种颜色，即三原色。

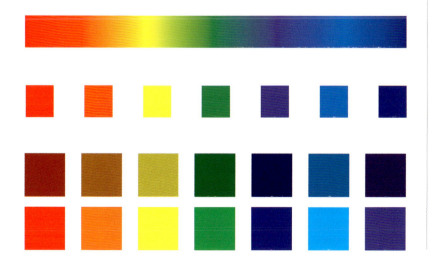

三原色是用以混合出其他颜色最基本的颜色,而原色是用其他任何颜色都无法调配出来的颜色。

3.3.2 间色

由两个原色混合所得出的颜色称为间色。标准的间色也只有3种,即橙(红+黄)、绿(蓝+黄)、紫(红+蓝)。

3.3.3 复色

由3种原色或两种以上的间色按不同的比例混合而成的称为复色。如果两间色不等量地混合,可产生各种不同的复色,广义上的复色的应用范围非常广泛。

3.4 色彩的对比

3.4.1 明度对比

明度对比包括同一种色彩的明度对比和不同色彩的明度对比。在中国画中,运用不同深浅层次的墨色被称为"墨分五色",它们在画面中形成了不同深浅层次的对比关系。实际上,墨色深浅明暗的对比关系和色彩的明度对比是同样的道理。

在色彩训练中,将一种颜色放在周围明度很高的色彩环境中,该颜色就会显得比实际明度更低;反之,若将一种颜色置于明度很低的色彩范围里,该色所显现出的明度又会高于其本身所具有的明度。在我们所面对的写生对象中,实际的明度变化常常是很丰富的,但在绘画过程中,根据画面的需要常常运用经过概括的明度关系来形成对比。如果没有概括和提炼,依据我们所见到的有多少层次就画多少明度关系,就会使画面明度关系趋于庞杂和灰暗,因而降低表现力。所以,要根据画面的需要,将复杂的明度关系概括为几种主要的层次,有意识地使画面产生有节奏的明度对比。绘画中经常讲到的"黑白灰"大关系,所指的就是经过概括的明度关系。

3.4.2 纯度对比

纯度对比是指色彩鲜艳程度的对比。任何一种颜色都有自己的纯度,在色与色的搭配中就会出现纯度关系,纯度对比即鲜艳之色与灰性之色的对比。但这种纯度对比关系是在比较中得来的。在画面中运用纯度对比会对色彩之间的对比因素产生影响,从而达到我们要表现的色彩关系。

在色彩对比中,色彩纯度的变化对人的视觉心理有不同的影响,也就是说即使某种颜色具有较高的纯度,如将其置于有更高纯度的色彩环境里,其原有的纯度会因缺少了对比因素而显现不出。相反,把一块具有一定纯度的颜色置于纯度较低的灰性色环境之中,我们对其纯度的感觉要明显高于其实际的纯度。

3.4.3 补色对比

在红、黄、蓝的基础上制作的色相环中,其色相环中心180°相对应的任何一对颜色都构成补色关系。在色彩调配过程中,一种原色与其相对的两种原色混合而成的间色之间所产生的色彩关系为互补色关系,如红与绿、黄与紫、橙与蓝,皆为补色关系。一种颜色的补色可以用视觉残像的原理进行验证,在光线较充足的情况下,当我们的眼睛盯着这块颜色看一会,然后将目光移向暗处时,我们会感觉到这块颜色的外形仍然存在于视觉中,只是其色相发生了变化,而这个残留的色相就是原先那个色的补色。在补色的对比中,并不是每一对补色都会产生同样的对比效果,而是各有不同。例如,红与绿,其明度相同但冷暖差异大;黄与紫,在补色对比的同时,具

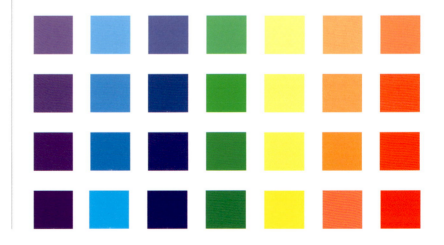

有很强的明度对比；蓝与橙，冷暖对比强烈，明度对比明显。在色彩画中运用补色对比能够增强画面的色彩对比效果，补色对比是色彩对比中感觉最为强烈的。但在水彩画中，补色的对比往往是在降低了饱和度和纯度后使用的。一块灰色有时捉摸不定其色彩倾向，看它旁边的比较鲜艳之色，这个灰色往往是倾向于这个鲜艳色的补色。

3.4.4 冷暖对比

在色相环上，色彩分为冷色与暖色两大类，是一种相对关系，即冷色与暖色组合而形成的对比关系。我们知道色彩本身是不会散发出冷暖的，所谓冷暖只是色彩给人的心里感觉，每一种颜色都会通过视觉带给人一定的冷暖感觉。在色环中，从蓝色到紫色之间的颜色为冷色，这类色使我们联想到海洋、天空、冰山等，产生寒冷之感和宁静、悲凉、深远的心理感觉；从红色至黄色之间的颜色都是暖色，看到这些色会使人联想到阳光、火焰、热血等，产生暖的感觉和热烈、振奋、向上的心里感觉。

冷暖关系是色彩绘画中的重要关系之一，冷色与暖色并置，使冷色更冷，而暖色则更暖。冷暖关系无所不在，它们之间的关系是相对的，有的强烈，有的微妙，冷暖色的对比是色彩对比中的重要对比因素。但色彩的冷暖关系是相对的，

作品名：《崂山雕龙嘴》
尺　寸：28cm×38cm
作　者：吴兴亮

例如，在同是暖色的红色系中，大红比朱红冷，深红比大红冷，紫红比深红冷；紫色是中性色，同蓝色比它是暖色，而同红与橙相比，它就成了冷色。在黄色中加入红色就变成了暖黄色；反之，在黄色中加入蓝色它就变成了绿色，加入的蓝色越多，这个绿色就越冷。色彩的冷暖关系是在相互依存、相互对比的状态下存在，没有比较就没有冷暖。即使是一个在色彩理论上很暖的色相，若没有冷色与之对比，也不会充分显示它应有的暖色感觉。所以，色彩的冷暖感觉是通过对整个画面色彩进行分析和比较产生的。表现出这种冷暖变化，就是我们常说的冷暖关系。在色彩绘画中，冷暖关系的表现是一个重要的方面。

在色彩绘画中，充分利用色彩冷暖对比关系，可以增强画面空间的表现力，使画面的色彩强烈并有冲击力，丰富了画面的色彩美感。

3.5 色调

色调即色彩的调子，是指一幅画中总体的或基本的色彩总倾向。绘画离不开调子，在单色的素描中有明暗调子，在色彩绘画中有色彩调子，调子起着对画面色彩的支配作用，对色彩写生而言，色调包括两种含义：一是指自然景物中在统

作品名：《婺源风景》
尺　寸：53cm×74.5cm
作　者：吴兴亮

一的光线笼罩下所显现出的和谐色调；二是指我们画板上的作品中由各种色彩对比与调和因素组成的有整体关系的色调。影响自然景物色调变化的主要因素是光源色、固有色和环境色之间的相互作用，光源色、固有色、环境色相互影响的程度决定着画面的色调。在表现不同季节、不同气候的风景画中，色调对于整个画面气氛有着至关重要的影响。我们常见的晴天、雨天、中午、傍晚等气候环境，都会对色调产生决定性的作用，同一景物在不同光的影响下会产生不同的色调。

在绘画创作和写生中色调是画面色彩结构即色相、明度、纯度、色性和面等多种因素综合形成的，不同的色调可以按以下几个方面进行区分：

（1）从明度方面分。可分为明亮调子、深暗调子，如雪景、海景多为明亮调子，而夜景、森林等多为深暗调子。

（2）从色相方面分。可分为绿调子、橙调子、蓝调子、冷调子、暖调子等，如夏天的草原多为绿调子，秋天的树林却呈现橙调子、暖调子，而冬景则多是蓝灰调子、冷调子。

（3）从纯度方面分。可分为纯度较高色彩跳跃的鲜艳调子、纯度较低色彩平稳和谐的灰调子，如阳光下的风景多为色彩鲜艳的调子，而阴雨天气中的风景则可能是色彩柔和的灰调子。

色调还可以按表现不同的情绪可分为高昂而热烈调子、低沉而忧郁调子、明快而轻松调子、深暗而沉闷调子等。在具体处理画面色调时，一是要注意抓住基调，尤其是在对比调子的状态下。要做到这一点首先要处理好各局部的颜色与整体色调的关系，任何局部的颜色都不是孤立存在的，而是服从于画面的主调，画面即使有很丰富的色彩变化，也不能破坏主色调，一定要避免喧宾夺主；二是要避免走到另一个极端，画出缺少色彩变化的单色画。色调除了形成对比关系存在外，还可以形成调和关系存在。调和是画面色

作品名：《威尼斯圣马可广场》
尺　寸：36cm×55cm
作　者：贾曦强

作品名：《有红衬布的静物》
尺　寸：39cm×54cm
作　者：吴卉

彩之间的协调与统一的关系，在画面比较统一调和的色调时特别要注意找出色彩之间的细微变化。

在色彩写生中，要在全面观察景物的开始就很快地抓住，对景物和画面整体的色彩关系，我们都应集中到色调上来认识，有了色调的认识，在画画的时候就可凭自己的色彩感觉，胸有成竹地去完成写生画。

3.6 色彩的观察

3.6.1 色彩变化的主要因素

为了能比较清楚地看出反映在物体表面的色彩变化规律，我们把影响物体色彩变化的因素概括为光源色、固有色和环境色，它们相互影响决定着画面的色调。

（1）光源色。在色彩写生中光源色照射物体的颜色。物体的固有色在不同光源色的影响下，其色调会发生不同的变化。平时我们所见日光的颜色呈白色调，在早晨或傍晚所见的日光的颜色是暖色，而阴天、雨天的日光由于云层的影响则呈冷色调的倾向。月光照射在物体上的颜色也是偏冷的。一般白炽灯光、火光、烛光是暖的，日光灯则有冷的倾向。光源色的影响主要反映在物体的受光部，观察色彩变化时，我们应该将物体的固有色与光源色联系起来整体地加以理解和表现。

（2）固有色。是指物体本身所具有的颜色，是对某物体表面色彩的习惯认识。在自然界中，许多已经在我们的心目中形成固定概念的色彩，却并不像所想象的那样固定不变，如常说的蓝色的天空、蓝色的大海，然而人们实际见到的海，其色彩却常常不是蓝色，有时是灰绿色，也有时是橘黄色或者其他难以凭空想象到的色彩。因为物体的固有色本身并不是概念化的色彩，其色彩也是千差万别的，而在光源色和环境色的影响下使它产生了更加丰富的色彩变化。尽管这样，在色彩写生认识色彩的过程中，我们还是要有观察和表现固有色的意识，但要与光源色和环境色联系起来综合分析，才能更准确地表现固有色。我们描绘的一组景物中的每一个物体，都有它的固有色，它们之间相互组成了一个复杂的、富有变化的、相比较而存在的、但整体的色彩关系，若过分地强调光源色和环境色而忽略固有色，是难以观察到准确的色彩关系的。

（3）环境色。又称条件色，是指物体所存在环境的整个氛围，即能够对物体的色调产生反射影响的色彩。例如，室内有特定的环境，有白色的墙壁、各种色的地面、各种颜色的衬布及画具等；在室外则可能有蔚蓝的天空、绿色的草地、浓郁的树林以及清澈的溪水等。这些物体都有自己的颜色，并相互产生反射作用，对画面色调有着明显的影响。不同的物体质地和不同的物体固有色，对环境色的敏感程度是有差异的。一般来说，表面光滑一些的和浅颜色的物体比较明显地反映出环境色的影响，往往环境色的影响较多反映在物体的暗部。

3.6.2 色彩的观察方法

自然界中形与色是不可分离的，映入我们眼帘的必然是形和色的综合体。由于空气中存在着水蒸气和尘埃，再加上光线的作用，造成了色彩在空间传递时的变化。存在于空间的物体受这些影响，距离我们近的物体轮廓和结构清晰，色彩对比强烈；距离我们较远的则轮廓和结构模糊不清，色彩的纯度和对比也明显减弱了；最远处的甚至只剩下了大的外轮廓和看不见结构的模糊灰色。这就显现了明显的空间感，自然界不同气候条件又会使这种变化更加丰富。对水彩画有言，色彩的体现占有更加重要的位置。我们常说的"素描靠理解""色彩先靠感觉"，就是强调感觉在色彩绘画中所占有据的更加重要的位置。

色彩的观察依赖于对色彩的认识，只有正确地认识色彩，才会正确地观察色彩。在学习色彩绘画中，通过写生的训练过程逐渐培养起一种对色彩的感受和识别能力，是非常必要的。通过这些分析和观察，我们可以得出这样的结论：存在于自然界中的景物色彩是有空间透视的。由于条件的不同，有强烈、有明显、有微弱等不同的空间透视状况。然而，作为绘画，我们完全可以通过自己的观察和分析，根据色彩空间透视的规律，用夸张、提炼、概括、强化等方法来充分表现画面的空间感。

自然界的色彩是复杂多变的，即使是最忠实于自然的表现也不可能把自然界的真实色彩完全表达出来。所以，作为艺术表现，不必去照抄自然，艺术是需要主观感觉的，色彩尤其如此。要有正确的感觉，就要到生活中，到自然界中去观察，关起门来找感觉是不行的。把自己放在色彩世界中，用正确的观察方法去观察和感受色彩，是步入色彩之门的阶梯。不少初学者认为看到什么样子画出来就行了，还有的为了画得色彩和对象一致，干脆调出一块色孤立地和对象比较，以鉴定准与不准。上述的画法缺少正确的引导方法，不可能画出理想的色彩画作品。

学习色彩画首先要训练正确的观察方法。正确的观察方法一是要整体观察，要同时、整体地看到被描绘的全部物象，不能只看局部忽略整体，只看概念的固有色而忽视光源色和环境色的影响。实际上自然界一切物体色彩都是整体统一的，都处于彼此相联系的状态，每一局部色彩都应服从总体的色彩关系，应当始终保持"看关系""画关系"的方法，观察色彩相互之间的关系要有整体意识。只有这样才能抓住色彩的总趋向、总印象，才便于察知各部分的相互关系。二是要比较地看，同样一块颜色，孤立地看，与将其放在一定的色彩环境下对比着看，给人的感觉是大不相同的。将两三块颜色互相比较，比较其色相、明度、纯度及冷暖差别。"比较"是整体观察的进一步深入，要找准物象的色彩关系，就要不断地进行比较。只有将所有的色彩因素同时作比较，才会正确地表现画面的色彩关系。关于这一点，在印象派的绘画史中有一个生动的故事：有一天，库尔贝在室外观看莫奈的写生，莫奈因为要等待太阳的升起迟迟不肯下笔。库尔贝觉得奇怪，于是建议莫奈不必因此而耽误时间，可以先画最暗部，而莫奈却不同意地说：色彩关系不对。在莫奈的观察方法中，自然界所有物体的色彩是一个整体的大关系，只有将所有的色彩同时收入眼中，才能正确地表现出色彩关系，而太阳升起之前与之后的色彩变化，并不仅仅是局部的变化，它会使整体的色彩关系发生变化。这个故事也告诉我们，观察色彩不可以局部地进行，要整体地同时将对象的各种色彩因素进行比较，"比较"是获取正确色彩关系的途径。

写生中，物体是存在于环境之中的，体现在物体表面的色彩不可避免地会受到环境的影响。这些都是离不开画家的观察和感觉的，即使我们总结出一套理论性的东西作为写生过程中的指导方法，也替代不了大家的主观感觉。所以，观察自然界中的色彩变化获取自己对自然界物体的色彩感受是最为重要的。如果可以面对同一景物，用同样的观察方法来观察对象，但因为每个人的感觉和理解不同，所以也不会画出相同的画。作为一个画家，必须时时处处去有意识地培养自己的艺术感觉，不仅仅是在画画的时候，而是在生活中的每时每刻。感觉与理解紧密地结合，才是画水彩画应该遵循的观察方法。

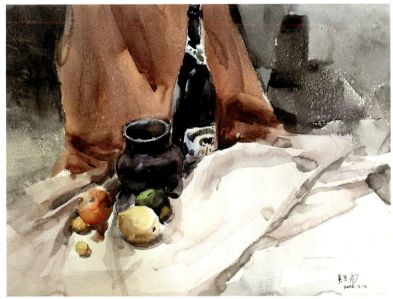

作品名：《红衬布》
尺　寸：53cm×75cm
作　者：吴兴亮

作品名：《码头》
尺　寸：39cm×53cm
作　者：吴兴亮

作品名:《泊》
尺　寸: 56cm×74.5cm
作　者: 吴兴亮

作品名:《黄苹果》
尺　寸: 38cm×53cm
作　者: 龙　虎

作品名：《秋林》
尺　寸：39cm×54cm
作　者：华宜玉（上）

作品名：《婺源建筑》
尺　寸：74.5cm×56cm
作　者：吴兴亮（左下）

作品名：《婺源红房子》
尺　寸：75cm×56cm
作　者：吴兴亮（右下）

LANDSCAPE WATERCOLOUR 21

第 4 章
水彩画的基础知识
LANDSCAPE WATERCOLOUR

4.1 水彩画颜料调配与使用

4.1.1 混合

水彩画色彩的丰富度是靠水与颜料相互调配、相互融合形成的，如果两种或两种以上颜料加水混合，色相就会出现有趣的变化，两种或两种以上颜料混合产生了新的颜色，这是颜色相加产生的色彩变化，也是水彩画最基本的绘制方法。在水彩画绘制过程中，我们能够感觉到所描绘对象的色彩，但不一定能够表现出来。所以，颜料混合需要经过长时间反复训练，初学者可以用两种或两种以上颜料以不同量混合

作品名：《青岛建筑》
尺　寸：36cm×53cm
作　者：吴兴亮

作品名：《贵州江口油菜花》
尺　寸：55cm×75cm
作　者：吴兴亮

作品名：《铜火锅》
尺　寸：54cm×73cm
作　者：吴兴亮

做反复试验，逐渐掌握规律调配出所需要的颜色。

4.1.2　重叠

重叠是指第一遍颜色干后，再上第二遍颜色或第三遍颜色，通过多次重叠以产生色彩的变化，使画面产生了更加丰富的色彩变化。

4.1.3　并置

并置是通过视觉进行混色的方式，用色点、色块和色线来表现。一般用纯度较高的颜色，用小笔触或长笔触颜色摆在画面上，笔触之间色彩不能混色。并置后的色彩，补色相邻时，由于对比作用，其色彩鲜艳度也同时增加。点彩作品中常用这种方法，在一定的距离看上去，通过视觉混合产生综合的色彩效果。如红色和蓝色并列，有紫色的感觉。并置调色多采用一色干后再并列另一色，否则翻起底层颜色，影响画面透明效果。并置法与重叠法不同的是，在第一个色块旁并列地涂另一色块，在邻色干后再涂色，使轮廓更清晰。倘若在不干时并列涂色，为使色彩不产生相互渗化，可以适当地间隔出一点空白再涂色。

4.2　水彩画的用笔

英国水彩画和中国传统绘画有很多共同之

用笔步骤
① 准备宽扁的平头笔及尖头笔各一支
② 用平头笔快速涂抹一片蓝色天空
③ 趁蓝色未干，用另一支干净的尖头笔按自己需要把蓝色吸取抹掉
④ 表现出来的白云生动活泼与否取决于水分多少，下笔时干湿程度，用笔能否准确

处，水彩画技法在用笔上的研究无疑离不开中国画传统用笔，用笔是中国水彩画艺术表现方法的基本特点，所以要画好水彩画，首先必须懂得水彩画用笔，常见水彩画用笔有以下几种。

4.2.1 中锋用笔

指运笔时，笔杆垂直于水彩画纸，笔锋在点划中运行，水色从锋尖而下，流注均匀，画出的线两边的边缘具有饱满而圆厚的感觉。由于作画要求不同，有时把笔卧倒，也可以取得中锋的效果。可以说，在运笔时不论竖笔或卧笔，拖笔或逆笔，只要笔尖永远在这一笔的水色中间，都是中锋。中锋可以使线条拉得长，在画风景水彩画时，用中锋画建筑结构线、树干、树枝和电线等。

4.2.2 偏锋用笔

亦称侧锋，运笔时将笔杆倾斜，笔锋与画面之间有一个坡度，笔锋偏右或偏左运用，产生一面光、一面毛，一面虚、一面实的效果。侧锋变化多，可根据画面需要灵活运用。在水彩画中，如画树干、天空、水面、浪花、礁石、草地以及大面积的建筑渲染时，常以偏锋用笔。

作品名：《婺源沱川》
尺　寸：56cm×74.5cm
作　者：吴兴亮

4.2.3　顺笔与逆笔

水彩画在绘制过程中，无论中锋用笔或偏锋用笔，都会遇到顺笔与逆笔，习惯上顺笔是指从左到右，从上到下的运笔，逆笔是指从右到左，从下到上的运笔。

4.2.4　提笔和按笔

不同的水分用笔压力也有轻重之别，在水彩画绘制时，提笔和按笔能产生各不相同的效果。

4.3　水彩画笔法与运用

水彩画技法与中国画技法一样，离不开笔法的运用。中国画技法的笔法是以线条为骨架，结合点、线、面、块的运用，取得形象和神韵的感染力，使作品达到气韵生动，生意盎然。绘制

作品名：《教堂》
尺　寸：28cm×38cm
作　者：吴兴亮

水彩画离不开中国画笔法的运用，用笔有起伏，有轻重，有缓急，不同的景物表现运用的笔法不同，不同的物体质感，运用笔法也不同。有时先涂大块色，再勾线条；有时先勾线条，后加色块；有时混合用之。灵活运用中国画笔法画水彩画，无疑会提高水彩画的表现力，同时也适合中国人对水彩画的欣赏和审美情趣。古人云"笔出于腕，腕出于心"，"画家平日修养此心胸，旷阔与天地同其大，运起笔来，便自然无碍，写出景来，也就意趣盎然了"。这里介绍几种笔法。

4.3.1　涂

饱蘸水与色的大笔，用平涂法或湿接法画大面积色彩，如静物的背景、桌面、风景中的天空、地画、海水和河流等。

4.3.2　渲染

渲染是一种用笔由浅到深或由深到浅的色彩均匀渐变涂色过程，园林和建筑设计常常运用渲染技法。

4.3.3　点丑法

点丑法在中国画中运用较多，点是指用小笔或笔尖在画面上点出色点，点的笔触短，呈圆形或长圆形，点是构成画面的最小笔触。在一幅画上，多点，少点，点在哪里，都有讲究，运用得当。

4.3.4　勾勒法

在画完主体建筑物体或风景画树冠等大面积色彩后，用水彩画笔或中国画笔，在画面上采用不同粗细的线条勾在色块上，特别是深入刻画物体时，勾勒是不可缺少的笔法。这种方法主要在线的运用，突出线的变化，以线来统一画面，线条不仅仅勾出平面，勾出立体感，勾出带装饰味的线条，更能够起到增强画面的形式美的作用。

4.3.5　泼彩法

泼彩法源于中国画技法，是指用水较多，甚至用调好的颜色直接泼向画面，但画面上的水要多，适宜于画天空、水面和云雾等变幻无定的

景物。

4.3.6 飞白

画水彩画时，利用粗糙的水彩画纸，掌握画笔运行的方向、角度及其轻重缓急，这种在画笔运行时产生自然的小白点和不规则的空白等留白效果称为飞白。初学者掌握飞白有一定难度，它要求运用笔触要干脆利落。飞白不能随意在画面上使用，飞白需要画家设计好适宜的位置，才会增强物体质感的表现效果。适宜于画天空、大海、浪花、地面、水面、墙面和较大的树干等。

4.4 水彩画水分、时间和颜色的把握

水彩画大师李剑晨把水分、时间和颜色三个关系称为"水彩画三要素"，并认为"水彩画三要素是水彩画制作中成败的关键，是作画时不能疏忽的要素"。三要素中以水分的运用最为重要，水彩画要求达到水色交融，水色淋漓的画面效果，成功的水彩画作品首先是水分运用得成功。一幅水彩画的绘制离不开水，水彩画绘制过程中水是混合颜料的媒介，不同的水分的运用产生的色彩效果也不同，水彩画色彩丰富度是靠水调配来达到的。画家们认为水彩画技法较难掌握

作品名：《绿衬布》
尺　寸：38cm×28cm
作　者：高冬（左上）

作品名：《水涧》
尺　寸：38cm×54cm
作　者：吴兴亮（左下）

作品名：《海螺》
尺　寸：73cm×54cm
作　者：吴兴亮（右）

的原因，实际上是水分在绘制运用中难以掌握的原因，水彩画在整个绘制过程中都是在水中作画，用水过少，会使画面沉闷缺少透明感，用水过多，画面轻浮水渍斑斑。初学者进入水彩画学习最难解决的是用水的问题，要训练掌握用水的能力不是画一两幅水彩画可以解决的，要靠较长时间的训练才能达到。画水彩画还会受温度的影响，不同的气候用水不一样，不同的绘画对象，用水也不一样。我们在画水彩画时常常提到的在"半干半湿"再上第二遍色，这种"半干半湿"有的画家也要几年才能弄明白。

水彩画用水规律一般在铺大面积色块和粗糙物体时，如画静物画的陶瓷罐、背景、天空、地面以及第一遍着色等用水分多，在小面积上色和画光面物体，如画葡萄、梨、西红柿、苹果、花卉以及物体的深入刻画等用水分少，在着第二遍色或者第三遍色水分则不宜太多。绘制水彩画时，什么时候着第二遍色，时间的把握是有规律的，它受作画时季节、环境、温度诸多因素影响极大，同时与着第一遍色的水分多少有关，上面所说的"半干半湿"也就是水彩画的时间问题，这需要作画的经验，需要对画面干湿程度观察，有经验的画家是将画板斜着观察画面上的光泽多少，以确定着第二遍色的时间。水分、时间和颜色三个关系在作画时是否能把握，是一幅水彩画成败的关键。

作品名：《雪林》
尺　寸：28cm×38cm
作　者：田宇高

第 5 章
水彩画的基本技法
LANDSCAPE WATERCOLOUR

每一种绘画艺术形式都有自己的特点和艺术价值，水彩画因其水质材料的种种特点，从而形成自己的本体语言和审美价值。水彩画的水色交融极富表现魅力，它的艺术特色与魅力是其他画种所不具备的。作为一种独立的艺术形式，水彩画的特点是与其所使用的工具与材料特性紧密联系在一起的，水分的运用、颜料的透明，形成其透明而空灵、清新而流畅、滋润而含蓄的特性。一幅好的水彩画是水彩技巧与精神内涵相结合的产物，所以，要画好水彩画，除了要求我们熟练地掌握它的工具与材料特性的同时，与其他艺术门类一样还要求我们有意识地培养自己文学艺术等多方面的综合素质，这对能否成为一名优秀的水彩画家起到至关重要的作用。

水彩画是一种以水为媒介的绘画形式，水彩颜色的特点是清爽透明，但不具备以浅色覆盖深色的能力，也决定了在一般情况下，画面的绘制过程基本依照色彩由浅至深的设色程序（由浅至深绘制这种画法与水粉画和油画的绘制过程是相反的）。水彩画设色程序使画面在绘制过程中，需要做到张弛有度，运筹帷幄。从广义上讲，水粉画也是用水为调色媒介的色彩绘画，也包括在水彩画的范畴之中，但因它的颜料特性不透明，我们称水粉画为水彩画的不透明画法，与水彩画的透明效果相比，感觉是大不相同的，所以水彩画突出透明感最为关键。追求透明和空灵的水彩画技法的同时，在学习水彩画的过程中还必须有扎实的造型及色彩基础。如果没有造型和色彩基础，水彩画绘制过程中即使水分运用得当，色彩透明，画面依然会给人以单薄平板，没有分量的感觉。所以，在学习水彩画最初阶段，造型、构图、色彩等综合修养是学好水彩画重要的基础。

水彩画对技法的要求较高，水与色是水彩画最重要的因素，是水彩画的特有性能。尤其是中国味的水彩画制作过程中，用笔豪放简练，设色清新简洁，强调水分的作用，水色交融，扩散渗透，产生着有趣的变化，这种变化效果，往往是难以预料的，如何掌握水彩画中的水与色调配，是学习水彩画的难点。只有研究和学习前人的技法和理论，才能对水分、时间的掌握，以及对色彩和用笔等方面的变化有所掌控。水彩画技法多种多样，根据水彩画用水用色的特点，水彩画的

作品名：《青岛红房子》
画　法：干湿并用画法
作　者：吴兴亮

作品名：《圆明园秋色》
画　法：湿叠法
作　者：高冬

基本的技法分为干画法和湿画法。在作画的过程中，一般要根据画面所要表现内容的要求，往往干湿画法并用。

5.1 干画法

干画法并不是说笔的干与湿，是指在干纸上或已干的色层上使用颜料完成作画的一种方法。用干画法完成的作品，颜色没有外扩现象，颜色之间不相互渗透，笔触清晰，容易把握笔触的轮廓。但干画法在作画时，除枯笔法外，在前一遍上色干透后，再上第二遍色，画笔上的水分仍需要饱满，充足水分能确保水彩颜色的透明效果。干画法包括以下几种画法。

5.1.1 平涂法

平涂法在水彩画中是一种最常用的技法，也是初学水彩画最基本的涂色块练习方法，在园林专业设计初步教学渲染中常用这种方法。通过涂色块练习，掌握其对水和笔的运用能力。在园林课程中可以集中安排几个学时练习涂色块，其方法是调好足够均匀的颜色，用大笔平涂在画纸上，水色饱满地涂色，尽可能涂得看不出笔触的痕迹，使之产生一种平整单纯的效果。每次用色单纯，一般没有色彩变化。用笔顺序要从左到右，从上到下，而且作画时将画板倾斜在35°左右效果更佳。

园林专业的学生在初学水彩画时，对颜色的使用把握不好，他们对所描绘的颜色分析不出来，只注意到物体或景物的固有色，没有调色经验，达不到表现对象的目的。在对水彩画临摹和写生前，作一段时间的色谱练习，这种练习除了对色彩有一个全面熟悉的过程外，对水分掌握也有帮助。

5.1.2 干叠法

干叠法指的是在已干了的色底上叠加涂色的方法。具体方法是在第一遍上色干透后，再调出较薄的色，上第二遍色，运笔要快速准确。先画淡色后画深色，层层加深，每上一遍色彩后，还可以透见底下的色彩，充分利用水彩色的透明性逐层地叠加。这种画法适合表现轮廓清晰、体积感强的物体。由于水彩画具有透明的特点，本练习还可在第一遍颜色干后，着第二遍颜色时，换一种颜色，这种重叠会产生新的颜色，这种方法常用于风景和静物水彩画中。用这种方法画水彩画的时候，可以不必手忙脚乱，而是比较从容地去完成。这种画法初学水彩画者较容易掌握。但叠加时要注意不要画得层数过多，要考虑透出底色的混合效果，以免使色彩显得灰暗而失去透明感。

5.1.3 枯笔法

枯笔法又称为干笔画法。枯笔在绘画中指较干的、带有飞白的笔触。这种画法是指用笔蘸含较少水分的颜色画在纸上，而且比较快的运笔速度，就能画出枯笔的效果，形成的明显笔迹。它是利用水彩画笔或毛笔的特性在画面上运用中锋、侧锋、逆锋及勾、皴、点等画出的特殊笔触，这种笔触适宜表现画面粗糙的物体。运用带有飞白的枯笔表现苍老的树干、凝重的山石以及古老的建筑物，会比较恰当地强调出质感和气氛特征。枯笔可以使画面上的笔触产生飞白效果，有意识地运用枯笔的飞白，还能画出一般画法难以达到的细部质感的效果。

5.2 湿画法

湿画法是一种在底色不干的情况下连续着色的画法，是最能体现水彩画特点的画法之一，是水彩画中最具代表性的画法。湿画法是在湿润后的纸上作画或在画面上的水色未干时重叠颜色或在邻色未干时趁湿着色，产生颜色与颜色之间或色与水之间色彩过渡自然、水色交融、水分淋漓的效果，非常适合表现风景园林和风景建筑画。湿画法借助于"水"这种媒介，在用水上做文章，使每一遍色相互渗化到一起，形成水色渗透的效果。湿画法的具体技法很多，这里主要介绍湿纸法、湿接法、湿叠法、晕染法和破色法5种方法。

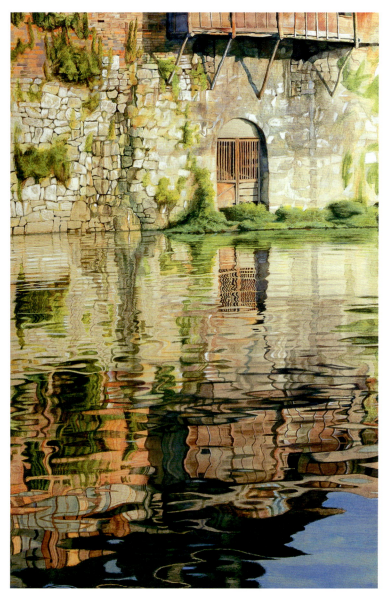

作品名：《贵阳南明河》 画 法：干叠法 作 者：田 军

作品名：《老屋》 画 法：湿接法 作 者：吴 丹

5.2.1 湿纸法

一般是指在着色之前用底纹笔将画纸表面全部刷湿，然后趁湿在画纸上作画，画出的水彩画有湿润效果。刷湿的方法是将裱好纸的画板平放，用大号的羊毫排笔或底纹笔蘸清水，在纸面上刷水。可以全部涂满，亦可根据需要局部涂刷。另一种方法是在上水彩颜色之前，用B或2B勾轮廓稿，当整个画面铅笔轮廓刻画定型后，将勾好轮廓稿的水彩画纸浸泡在水里，湿泡时间是根据画面需要而定。为了使水分干得慢一些，也可将浸泡后直接将水彩画纸放在玻璃板上，用干毛巾或少水的湿毛巾将画纸上的水稍吸干，再在纸上作画。由于水彩画纸已被浸湿透，画纸内可以较长时间的保持湿润。由于水分的作用，颜色渗化流淌，画时上色要浓重，随着作画的时间，画面上的水分渐渐变少。因此这种湿纸画法上色速度要加快，必须在很短时间内将画面大体色彩铺满，使画面产生色彩过渡自然、水色交融渗化、柔润含蓄、淋漓酣畅的效果。这种湿纸法适合于表现风景中雨景、雾景等。其技法关键在于水分的控制，纸上水过多，容易造成水分的难以控制，水与色彩在画纸上的乱流淌，很难达到预期的效果。所以，在画纸刷水或画纸浸泡时应适当，作画时掌握好水分的多少，画面湿到什么程度要心中有数，使涂色时间恰到好处，这是掌握湿画法的一种技巧。但在用湿纸完成的画中，画面湿时与干后的色调感觉会出现一定的差异。一般是干后的画面色调会变淡变灰，作画时的用色应注意饱和度高一些，色调对比要比实际感觉略强一些，以保证其干后的画变淡达到预期的效果。当然这种变化的程度，是需要在多次实践后才能逐渐掌握。另外，与使用什么样的水彩纸也有直接的关系。

5.2.2 湿接法

湿接画法一般是在干的水彩纸上着色。是指第一遍色彩未干时或邻色未干时趁湿着色。趁湿接色，使其渗化，即为湿接法。湿接法的着色特点是色与色之间过渡柔和，衔接自然，变化微妙，生动润泽。湿接法铺色时既可以由浅入深，亦可以由深入浅。用湿接法着色要水分饱满，此方法多用于较短时间的画面中，面积也不宜太大，要以强调一种生动鲜活的画面感觉为主。表现建筑物以及球形的水果和球形的蔬菜时用湿接画法可适度的表现其物体浸润的效果。

5.2.3 湿叠法

湿叠法在第一次画面涂色未干的基础上重叠着色，后一遍色要比前面的色含水量适当地减少，而含颜色量则适当的增加。湿叠法画出的笔触饱满而不生硬，衔接自然而圆润，很适宜于处理静物中的背景。因为背景画积大，用大笔触多，形成柔和的过渡，所描绘对象会显得更加滋润含蓄，达到水分饱满，色彩过渡自然的效果。特别是在风景画中背景与主体的衔接时用湿叠法，使主体与背景上很自然地浸润在一起，产生虚远的空间感。湿叠法适合于表现风景中的远景、水景、树林等，以及静物中的圆形物体。用湿叠法着色要避免笔的含水过多，以防出现不必要的水渍而影响表现效果，造成画面难以收拾的局面。

作品名：《崂山》
画　法：湿叠法
作　者：吴兴亮

5.2.4 晕染法

晕染法是处理画面色彩渐变效果的一种技法。通过适当含水量的用笔，使色彩不显笔触地逐渐从浅到深、由冷到暖、由明到暗，均匀地表现出色彩的过渡渐变。这种晕染渐变着色法，在画大面积的无云的天空或静物中的背景，以及水面和桌面，直至一个水果的由明到暗的色彩渐变等，都是经常采用的。

5.2.5 破色法

亦称冲色法。此技法与湿叠法相同之处都是要在底色还湿的状态下笔着色，而不同之处则是，破色法在着色时笔的含水和含色量比较大。这样，所造成的结果就形成了大面积色中较亮的小色块对变化，而且具有鲜明的水彩画特点，透明感较强，形成的水色肌理，颇具天趣。运用破色法虽然要求在底色湿的状态下进行，但湿到什么程度要掌握好。这种画法一般适用于描绘远山或远树丛，特别是在顶光照耀下的远山远树丛。先画远山或远树丛的暗色，不分亮部或暗部，在画面的颜色趋于半干的状态时，按亮部的色彩把亮部画出，这样亮部所需色彩在水的作用下，把底色冲走，充分发挥了水色交融的特点，使远山、远树丛既有明暗关系，又有结构，又有远处的空间朦胧，比暗部亮部分开画效果好得多，不至于让远处的景物生硬、凸现。这画法，全凭掌握第一遍色干湿程度，画第二遍色时笔含水含色多少要根据画面含水含色多少而定，第一遍太湿冲下去的笔触走样，形状不受控制；第一遍太干，颜色依附纸面太牢，冲不掉，不能产生破色效果。所以破色法完全是依靠经验。

湿画法是水彩画中运用最多的一种技法，其难度大，颜料的扩展形式是无法预知的，纸的湿度越大，颜料扩展的范围就越大，它充分利用了水在画纸上的流动、渗化所产生的清新、明快、流畅的效果，能更好地发挥水彩画的特点。要掌握好湿画法中控制水分和时间的技法，只有通过反复进行水彩画湿画法练习，才能对湿画法运用自如。

实际上，在一幅水彩画的完成过程中，仅用一种画法是不够的，而往往是运用干、湿两种画法并用完成的。一般情况下，在画面实处采用干画法，虚处采用湿画法。这种作画着色程序是，第一遍着色先用湿画法，由浅色画到深色，从上到下，从左到右，渐次推进，逐步完成，把背景和主体一次性铺完大色调。待第一遍色干后，用干画法第二遍着色，采用干画法深入刻画景物，这样能把握住画面的主次关系，有助于形

作品名：《香蕉》
画　法：破色法
作　者：吴兴亮

作品名：《西瓜》
画　法：干湿并用画法
作　者：吴兴亮

体的塑造，有助于画面的丰富度。在对花卉写生时，用湿画法画的花，花的边缘不整齐，表现远处的花，用干画法画的花，花的边缘很整齐，表现近处的花，用干、湿两种画法表现的画面有空间感和层次感。表现风景中的远景采用湿画法，近景采用干画法。在干湿并用时，要充分利用干画和湿画所产生的不同效果。以干画为主的画面，铺大色块或画某些局部时也常采用湿画法；以湿画法为主的画面，其局部或细节也常用干画法，造成画面的干湿对比效果，浓淡、枯润、虚实相间，效果极佳。一般是先湿后干、远湿近干、虚湿实干。在层次较多的画面中，还要区分出干湿的程度，强调出悠远空灵的意境。

作品名：《石寨秋色》
画　法：干湿并用画法
作　者：田宇高

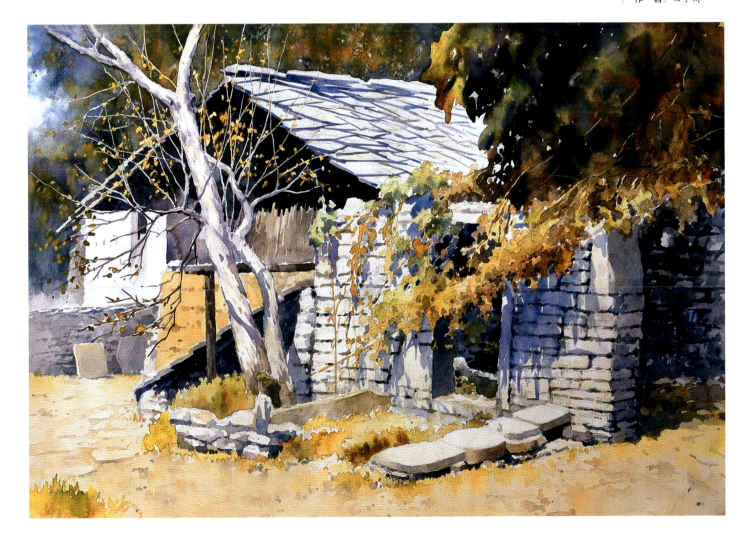

第 6 章
水彩画的其他画法

LANDSCAPE WATERCOLOUR

6.1 铅笔淡彩画法

铅笔淡彩是指用淡淡的透明水彩画颜料涂抹在铅笔素描稿上。这种画法的特点是既能表现明暗和结构关系，又能表现出色彩效果，可以生动地、概括地记录景物色彩。通过铅笔淡彩学习，利用水彩画颜料透明的特点，表现景物的明暗和色彩关系，有机地由所学素描技法过渡到水彩画的学习，为学习水彩画打下基础，这是水彩画初学者的必修课。

在铅笔淡彩中，有两种方法，一种素描色彩，是用B或2B铅笔画出物体的结构和大体的明暗，素描线条不必过分深入刻画，以速写的笔触画出物体轮廓，高光和亮面空出来，用概略的笔触处理好物体明暗关系，不必像长期素描画出物体的明暗调子，用铅笔素描表现的物体，不要画得太重，否则在上水彩颜色时，画面颜色容易浑浊。但物体的比例和结构要求准确、细致地描绘出来。使用的颜色尽量单纯和透明，用笔不要过多重叠和修改。画笔上水彩颜色要饱满，用笔要轻快，留出高光，用灰色画物体的亮部，颜色上去后，还能清晰地看见描绘物体的铅笔线条，这样才能保持画面清晰透明效果。不

作品名：《晨曦》
画　法：铅笔淡彩
作　者：吴兴亮

能用填充色彩方法画铅笔淡彩，甚至颜色可以涂到轮廓之外也不要洗掉，使画面保持水彩画特有的活泼、清新效果。另一方法是色彩素描，在物体轮廓上，先画好颜色，再画出物体上明暗关系的线条和结构，充分利用各

作品名：《炼炉厂》
画　法：炭笔淡彩
作　者：田宇高

种线条、笔触和阴影塑造物体形象。这两种方法也可以混合运用。

风景铅笔素描淡彩存在远景、中景和近景的关系，对户外景物的构图和取舍，以及景物透视和色彩透视变化，学生难以领会透，对其画面的空间表现有一定难度。这就要求在画铅笔淡彩风景时，应尽量画好铅笔稿，并准确画出景物大体的素描关系。物体的轮廓和它的明暗关系比上色更重要，使色彩从属于素描，在正确的明暗关系结构上涂色就比较容易。用铅笔素描淡彩绘制风景画，虽然色彩涂得很轻，但是，还应该把画面调子正确地画出来。关于铅笔素描淡彩画面调子，在用铅笔解决形体时，运用线条深浅已表现出了所要求的调子，在此基础上，注意把画天空、远景部分的山和前景的房子或树等色彩统一成一个调子。在铅笔素描淡彩绘制过程中，画面未干时颜色会显得较深，待画面干了以后颜色会变得较浅，一般有经验的水彩画家在绘制作品时，一开始就把颜色调得较浓重，这需要初学者通过不断训练才能自如掌握。画铅笔素描淡彩所使用的工具和材料与水彩画差不多，水彩画笔一般分为圆形笔和扁形笔，有不同大小规格，用中国画毛笔刻画细部。一般来说，扁形笔可用大小各一支。铅笔淡彩的颜色宜轻淡、透明、单纯，不宜重复画，以致色彩灰暗浑浊。

6.2　木炭淡彩画法

用木炭笔绘制完景物稿子后，在画稿上喷固定液，水彩颜色涂在固定着的木炭素描稿子上。这种方法对建筑题材很适合，尤其是表现有粗碎的石头表面的古代建筑。木炭素描稿也可以不用固定液，水彩颜色直接画在木炭素描稿上，当木炭与水彩颜色接触产生一种特殊效果。但在绘制不喷固定液木炭素描淡彩时，要注意用水彩画颜色。画在木炭素描稿上的颜色应该要比画在铅笔素描稿上的颜色更亮一些、纯一些，木炭素描稿调子深，涂上亮的颜色就会得到平衡。为预防水彩画颜色涂上去后使原来的素描稿上的木炭尽量不掉落，要用大号水彩画笔。

6.3　钢笔淡彩画法

钢笔淡彩工具材料简单，携带方便，容易掌握，在园林设计中非常适用，各园林专业开设院校都设有钢笔淡彩课程，是园林专业学生的必修课。钢笔淡彩是一种最直观、最快捷的表达形式，学生通过钢笔淡彩技法的训练学习，很好地掌握钢笔淡彩表现技巧，培养学生的表现能力和对空间造型的理解，使学生能够运用钢笔淡彩方法表达其园林设计构思及理念。

钢笔淡彩是以钢笔为主，色彩为辅，在钢笔线稿的基础上用水彩罩色或先上色后用钢笔造型来表现建筑或园林。钢笔淡彩对水彩的表现，强调画面色调和明度关系，不过分考虑物体的造型和细节的表现，物体的细节和造型是由钢笔线条来完成。由于水彩画颜色有着鲜亮明快的特点，在钢笔线条造型的基础上，运用水彩透明的特点结合钢笔线条的硬朗和肯定，共同营造出明确和具有设计感的画面效果。

在钢笔线描稿上着水彩颜色，不但需要了解水彩画工具性能特点，了解色彩知识，了解水彩画基本技法的同时；还需了解水彩在钢笔线描上融化后，墨线的稳定性，墨线是否有渗出现象，这都关系到钢笔淡彩最后效果。

钢笔淡彩一般用光滑的水彩画纸，有些画家也用带有纹理的水彩画纸，画家可根据用纸的习惯选择水彩画纸。这里所说的钢笔淡彩画技法是以水彩做媒介，借助钢笔线条，突出画面细节、增强生动性的一种方法。钢笔淡彩的基本方法有两种，即干画法和湿画法。钢笔淡彩干画法又分先钢笔线条后淡彩画法和先着色后加钢笔线条画法。先钢笔线条后淡彩画法是指先在水彩纸上用钢笔线条塑造形体，待钢笔线条干后，再在其上面淡淡涂上一层颜色。先着色后加钢笔线条画法是指先用水彩颜色铺完大调子，待画面的水彩色干后，再在其基础上添加一些简洁、流畅的钢笔线条，即能使画面生动、细致起来。这里要提醒初学者，钢笔淡彩画的表现通常是先上色再加线条，线条位于水彩上层。在上钢笔线条前必须等水彩色干透，同时把原来的铅笔线擦掉后，再在其上添加钢笔线条。

钢笔淡彩湿画法又称为钢笔水彩画，它采用的钢笔、水彩色、水彩纸等材料和工具与钢笔淡彩干画法一样，不同点在于整幅画绘制过程中一直处于水中作画，包括绘制前先将水彩纸浸泡在清水中，使纸面保持充足的水分，用水彩颜色铺完大调子后，再用钢笔蘸黑墨水或碳素墨水，运用中国画用笔刻画画面上的形体结构。由于画面湿润，颜色和墨水相互渗化，使画面产生朦胧的意境，同时又保持水彩画的淋漓和透明效果。

作品名：《梯田一角》
画　法：木炭素描淡彩
作　者：田宇高（上）

作品名：《理坑》
画　法：钢笔淡彩
作　者：吴兴亮（下）

作品名：《花卉四幅》
画　法：钢笔淡彩
作　者：吴兴亮

这种画法接近于水彩画中的湿纸画法，对初学者有一定难度，特别是用钢笔描绘画面结构不易掌握。要画好钢笔淡彩湿画法，除全面、熟练地掌握水彩画技法外，同时也要有中国画的笔墨功夫。

钢笔淡彩在表现园林植物或建筑时，尤其要注意画面的主次关系以及黑白灰的对比，园林植物或建筑的暗部处理，明暗关系和体积感的表现，除钢笔为主外，可用深色加强显得更厚重，更有深度，使画面具有深远的空间感。指导学生时，上色要注意固有色的同时，应观察光对描绘景物的影响，环境对描绘景物的影响，以及画面色调与色彩变化的关系。

6.4　木笔水彩画法

木笔水彩画是以木笔作主要工具，采用水彩画纸和水彩画颜色来作画。由于它的画面效果保持水彩画清新透明、流畅、水分淋漓的特点，仍属于水彩画范畴。木笔水彩画中的木笔是用木片制作的，以柳树、梧桐树等木质松软、弹性好、能吸水分的树种为宜。根据绘画的需要制作成不同型号的木笔，由于木笔的笔锋比水彩画笔含水少，干画法的画面靠木笔笔触形成的块面组成。湿画法除运用木笔外，还借助于其他辅助用品，如喷壶、湿毛巾、水彩笔、食盐等。用木笔绘制的水彩画，不论干画法还是湿画法，其画面由于木笔的独特性而产生很强的装饰效果，充分发挥木笔的优点以体现其艺术特色。

6.5　水彩单色画法

以一种颜色用水彩画工具和技法绘制出的水

彩画，叫单色水彩画。单色水彩画法是学习多色水彩画的基础，初学者不要轻视它。进行单色水彩画法的训练，可以不考虑所描绘对象的色彩变化，只考虑明暗变化，便于掌握在湿的画面上控制物体形态结构与环境的关系，以及水彩画中水分和时间的关系。在单色水彩画练习过程中，要将已掌握的素描基础知识运用于单色水彩画。从素描过渡到色彩，工具完全不同，一般来说，画明暗素描是依赖用线条组织成黑白灰调子去表现物体，而现在用水彩笔已经不是线条疏密和用力大小的问题，而是用水彩画笔，利用水彩画颜色的浓淡，用体面关系来表现物体。所以凡是在素描课时，不单要掌握结构素描画法，而且要掌握明暗调子的素描画法。

单色水彩画法步骤：以建筑为例，用B或2B铅笔勾出物体的明暗及结构关系后。在群青、普蓝、熟褐、赭石、黑色等中任选一种颜色，按水彩画混合调色法的方法，先用大笔蘸上水，把水彩画纸打湿，从亮部画起，用湿接画法画灰面，逐渐向暗面推移着画。单色水彩建筑物画的高光部分可留白，用单色水彩表现静物的高光时，更加形成强烈对比，如瓷罐和水果类等留白的效果突出了物体明暗对比和画面的黑白灰关系。通过单色水彩建筑画训练，熟悉了水在水彩纸上的运用，熟悉了颜料以及画笔等工具的特性，掌握了水彩画的基本技法，更重要的是学生们对水彩画有了兴趣，对下一步画多色水彩画就有了信心。

作品名：《雨后的伊萨克教堂》
尺　寸：38cm×52cm
作　者：董克诚

钢笔淡彩步骤图
作 者：吴兴亮

钢笔淡彩两幅
作 者：高文澍

第7章 水彩画的特殊技法

LANDSCAPE WATERCOLOUR

在水彩画长期发展过程中，水彩画家为达到某些艺术表现效果，大胆地尝试，创造了各种特殊技法，丰富了水彩画的表现力。下面介绍几种特殊技法，以便在园林设计创作中用特殊技法来达到园林设计所需要的艺术效果。

7.1 撒盐法

处理雪景或处理某些作品中远近虚实及朦胧虚幻等艺术效果时，往往用食盐撒在半干半湿的画面上，食盐在水彩画面上停留几分钟或更长的时间后，湿润的画面水分会减少，撒过盐的地方会把水色吸掉，干后的画面会产生雪花般的效果，因而许多画家画雪景时常采用此法。但撒盐的多少，撒盐的次数，撒盐的方向，撒盐的疏密，撒盐的时间以及撒盐时与画面的高度都是要通过多次实验才能获得成功的经验。撒食盐时，可以将食盐装进带有小孔眼的瓶里，便于掌握撒盐时的均匀度。使用的食盐要干并呈均匀颗粒，食盐不能受湿，受潮的食盐形成不了疏密均匀像小雪花一样的纹理。撒盐的疏密关系会影响到食盐制造出的纹理效果，如果将食盐撒得太密，画面上形成没有规律的纹理会直接影响画面整体关系和预期效果。另外，若画面颜色干后再撒盐是没有任何效果的。在画面彻底干后还需将画面上多余食盐擦掉，否则食盐受潮影响作品的保存。与食盐具有同样吸水色效果的还有面包屑、咖啡、水泥粉细屑等。

7.2 沉淀法

在较为粗糙的水彩纸上作画，在大量水的作用下，某种不透明颜料或带颗粒状的颜料，如赭石、熟褐、朱红、钴蓝、群青等，遇水后具有扩散速度慢及不溶解于水的特性，其出现的斑驳肌理效果，是湿画法中的一种特殊的效果。用细纱布把水彩画纸表面擦毛再着色也会出现沉淀；

作 者：吴兴亮
画 法：沉淀法

作 者：吴兴亮　画 法：水渍法

作 者：田 军　画 法：单色法

作 者：吴 卉　画 法：水滴法

有时用干结的水彩颜色再次浸水湿润，用这种水彩颜色画出的水彩画往往也会出现沉淀；用彩色水笔颜色与水彩颜色混合使用，也会产生沉淀现象。沉淀色在画面上呈细小的颗粒状，常用于画面的背景、远山以及有些物体存在的自然纹理，沉淀法是水彩画中特有的方法。使用得当会增强画面的特殊效果。

7.3　水滴法

用有色水或清水滴在未干的画面上，画面被冲洗后就会产生浅色的色块。本方法用于描绘远山、油菜花、萝卜花等，效果很好。

7.4　水渍法

在画水彩画过程中，有时用笔不匀，颜料过少，水分过多，干后的画面都会形成一些痕迹，多次出现这种痕迹往往会破坏画面效果。这种情况往往难以避免，过去把出现这种痕迹看成缺点，现在水彩画家们利用这一缺点处理画面，得到一种特殊趣味效果。如在画老墙、旧门、浪花、溅水、雨等时，用笔蘸清水或淡色画在未干的、较深的底色画面上，水开始渗化把颜色挤开，画面被水滴冲洗的地方，色彩变淡，形成柔和的过渡，这是用笔锋所无法表现的。这种方法达到的效果与撒盐、水滴法、明矾水相同，但形成的水渍斑点大一些，运用这种方法时要控制好画面的湿度，以及笔上水分多少，否则会破坏现有的造型。另外，在背景铺上大面积色彩后，如果觉得色彩不够丰富，可以趁湿在画面上泼所需要的色彩，这些颜色与背景色彩溶成一体，使画面的出现色彩自然流淌的效果。

7.5　点彩法

在干画法中，用点的方法画在纸上，待第一遍着色干时，调出所需要的颜色重叠加在画面上，反复数次使两种或两种以上颜色互相渗透，形成很美丽的自然纹理和丰润色彩变化。这种方法用来处理建筑物或远山远树，可利用这种方法丰富画面。

7.6 洗涤法

亦称为减色法。分干洗和湿洗，干洗是在画面颜色干后，用较硬的狼毫笔蘸少量清水在需要的部位洗出物体的亮面颜色；湿洗在大面积涂抹颜色后，趁颜色未干，用一支含清水不含颜色的笔把需要提亮的地方洗抹，洗出白色或洗淡某个部位，洗出来的线和画面比较柔软。湿洗常用于表现树林中出现的亮树干、小树干和树枝、水的波光、雨丝和丛林中受光的细草等，画水面亮光时，可用笔洗出一道亮色，使画面生动有趣，同时又能更好地表现水的质感。当然，笔上不能含太饱太多的水，应视底色情况以及需要减弱多少颜色而定，有时甚至用手把笔的水挤干了使用。

7.7 砂纸去色法

当水彩画作品完成后，往往画面上有些地方过深，用这种方法可以减色或修改画面。其方法是用细砂纸在已干的画面上打磨，如画大海的白色浪花时，待画面干透后，用细砂纸把浪花与岩石相接处进行打磨，以弥补留白时不如意之处，但这种方法要求水彩画纸粗纹、质地结实。

7.8 划痕法

划痕法是指在上色后的纸上用钢刀、钢针或笔杆等锐器刮出特殊效果，分干刮、半干半湿刮与湿刮。干刮是用钢刀或钢针、笔杆等稍尖或硬的物体刮去画面上已干的颜色，露出白纸，产生亮线或白色纹理。干后刮出的则是亮线，比如画一些阴影中发亮的电线、受光的杂草野花等；半干半湿刮是趁画面上的色彩未干，用刀尖和笔杆等，用力刮出需要的亮部，如表现水的波光、雨丝和丛林中受光的细草、小树干和树枝、受光的石头亮面等；湿时刮出的则是暗线，当画面涂色不久，用较锐利的刀尖和笔杆等，按我们需要刮出刀痕，这时刀痕之处色彩易被吸入纸内，颜色变深，出现灰线或深色线，如画丛林中背光的小树干和树枝时用

作　者：张安健　画　法：点彩法

作　者：吴兴亮　画　法：水滴法

此方法。注意用刀刮法的水彩画纸要有一定厚度，用刀时力不要过重，避免纸被刮破。

7.9 涂蜡法

涂蜡法在水彩画中有两种画法，一种是在画纸上未上色前，在需要留白的地方轻轻打上蜡或油画棒，然后涂上较深的颜色，由于水彩画颜色是用水调和的，这时产生水彩色与蜡或油画棒分

作　者：田宇高　画　法：刀刮法

作　者：田宇高　画　法：洗涤法

作　者：田宇高　画　法：水滴法

离，有蜡或油画棒的地方涂不上水彩画颜色，使画面出现一种空白或色彩斑驳的效果。如果用力在纸上打蜡，上颜色后水色被排斥到一旁，会形成一种与遮挡相类似的效果。在处理深背景或暗部中细小而亮的地方时可以采用此方法，方法是用浅色蜡笔在需要亮的地方刻画出来，当用水彩画大面积画出底色后，亮的地方就会显现出来。另一种是在水彩画作品完成后，用类似蜡的油画棒在画面涂抹。油画棒有丰富的色彩变化，增强了水彩画的表现力。但蜡笔和油画棒涂在水彩画纸上后不易修改，初学者要尽量画准确。

7.10　纸上做基底法

选用厚实的水彩画纸并裱在画板上，用丙烯、乳胶、石膏粉或立德粉等材质制作基底，制作的基底一层或几层均可，涂底料时，可用滚筒或调色刀等工具来完成。待基底完全干透后，再用透明水彩颜料绘制，在基底画水彩画多用干笔画法，笔上水分不太多。这种特殊技法使画面用色浓厚，给人一种油画的厚重感和独特效果。

7.11　白色的使用

水彩画一般不用白色，如使用白色画面容易发灰，失去水彩画应有的透明度。合理地使用白色，会增强水彩色的表现力。如在静物画中画葡萄等水果，在风景画中画有炊烟、天空、重叠的远山以及雾景等，使用少量的白色更能体现质感。但白色尽量少用，尽量利用白纸的固有白色，以保持水彩画色彩的透明效果。在传统的英国水彩技法中，白色是渗在其他颜色中使用，让其均匀地薄薄的平罩在纸面上，这样所绘的物体，会给人一种既透明又相对浑厚的感觉。例如，大雾笼罩下如剪影般出现的远山远树。

7.12　留空法

在画风景画时，为了使画面透明，常常在浅色或对比色的地方把它空出来，待图边深色干后，再补所需要的颜色，以使画面具有透明感的效果。

| 作　者：吴兴亮　画　法：遮挡法

7.13　遮挡法

遮挡法有很多种，现在水彩画中运用最多的是绘画专用的遮挡液或留白胶，挑选遮挡液以进口的为主。使用遮挡液方法简单，使用遮挡液的工具也不限，如毛笔、旧式蘸水笔、竹笔、木笔或树枝等都可以。通常是在画面中需要留白的地方用竹笔或毛笔涂上遮挡液或留白胶，遮挡液在画面上形成一层膜，待画面上颜色干后，再剥去遮挡液形成的膜，这时画面上出现明显的留白痕迹。这种方法用于画面上不易留白的细微处。还可以使用肥皂，在未着色的干纸上涂在景物所需要的留空白处，着色后自然显示出白色的块面。涂遮挡液的笔要及时洗净，否则笔毛会黏在一块无法使用。

7.14　浆糊调色法

画水彩画通常用水调色，画面上清澈透明、水分淋漓。但有时候追求画面上特殊效果，用浆糊调和水彩颜色，使画面物体得到一种厚重的效果。这种方法可以局部使用，也可以运用在整个画面。浆糊调色法容易控制水分的流动，但如果浆糊在调色时用量过多，画面会失去了水分淋漓，以及透明感的效果。为解决画面透明的效果，画家们通常采用水多浆糊少调色，并用泼彩的方法画远山或天空，画面上会出现一种特殊的肌理效果。

7.15　色纸法

用有色纸画水彩画，让纸的色彩与透明水彩产生重叠的效果，可以减少色彩层次，统一画面

作　者：李振镛
画　法：撒盐法

色调。有色纸的选择可根据画面的需要而定，如画雪景或雨景等，可选择灰色纸，画晚霞可选择黄色纸。有色纸可以在美术商店购买，也可以自己制作，方法是在水彩纸上薄涂一些浅色的水彩色，匀或不匀都可以，干后备用。用这种方法画出来的水彩画可以达到用白纸达不到的效果，高光部分可加一点白色提高亮度。

7.16　罩色法

近似于干画法中并置法。绘制的水彩画干后，发现画面上的颜色深度不够，补救的办法就是将调好所需要颜色直接罩上去。罩色的时候，有一点必须要注意，由于水彩画颜料是透明的，所以要事先预想，透过罩上去的这遍颜色，能够看到原来的颜色，而这两次的颜色叠加起来是否合乎要求的效果。罩色法有两种，一种是在干底画面上罩色，罩色时用色要少，笔上水分要充足，落笔要迅速，一次性将颜色罩完。另一种是在干底画面上用清水打湿后罩色，这种在湿底画面上罩色时用笔要轻，落笔要迅速，不要将底色翻起来，以免破坏画面效果。如果一次罩色达不到效果，可以再罩一次色，但每罩色都需待画面干后进行，而且水要多色要少。

水彩画的特殊技法还很多，如拓印法、蛋清画法、揉纸画法、吸法、枯笔法和使用麻丝等。这些特殊技法是水彩画家们在实践中不断摸索出来的，我们要通过刻苦学习，多次实践，认真体会，才能熟练地掌握了水彩画的各种技法。同时，还要熟练地掌握水色在各种表现技法中的运用，才能得心应手地表现对象。

作品名：《清华荷池》
画　法：遮挡法
作　者：吴兴亮

作品名：《婺源之秋》
画　法：白色的使用
作　者：吴兴亮

46 园林水彩

第 8 章
水彩静物画技法
LANDSCAPE WATERCOLOUR

8.1 水彩静物画的临摹

水彩画在长期历史发展中，经过无数的水彩画家的探索和绘画实践，形成完整的水彩画作画的基本技法。在水彩画的学习过程中，临摹是学习水彩画最有效的途径之一，临摹是学习他人的技法，借鉴别人的经验，在较短的时间内学习和熟悉水彩画的一种方法。要达到临摹的学习效

作品名：《葡萄》
尺　寸：38cm×53cm
原作者：刘文圃
临　画：吴 卉

作品名：《罐子与水果》
尺　寸：54cm×73cm
作　者：吴兴亮

作品名：《铜火锅》
尺　寸：57cm×73cm
作　者：吴兴亮

果，选择好的示范作品，同时适合自己现阶段水平和理解能力的作品。但优秀作品很多不能盲目地选择。要注意水彩画可以多选经典作品作为临摹对象，刚开始临摹水彩画时，选择的水彩画作品要简单，色彩要明快，以干湿结合画法的作品，要选择优秀作品的原作或印刷精良的复制品作为范画，是较好的方法。这类范画色调准确，层次清晰，能够较好地反映出画家的作画方法和技巧。为了更好地达到临摹目的和效果，临摹的水彩画作品要与原作尺寸基本一致。另外，要选择步骤明确、偶然效果少的作品做范画，所选范画的难度也要适合自身的能力。有了这些针对性地选择，可以少走弯路。临摹前，要对范画进行分析理解，弄清作品的绘画步骤、技法中有无特殊技法的运用，以及作品中是怎样用笔和用色的，有了这些初步的了解和分析，再来临摹，就会做到心中有数，不至于被动地看一眼、画一笔。临摹要有明确的目的，要注重整体，抓住重点，不能"照葫芦画瓢"。尤其是水彩画中的一些偶然效果，很难在临摹中再现，实际上就是画家本人再复制一幅也是会有差异的。所以，在临摹中要从大关系和整体的关系出发，不拘泥于琐碎的细节，力求使整个临摹过程成为学习过程，而不使其变为单纯的描摹过程。在有意识地研究某画家的绘画技法时，运用临摹的方法是最直接和有效果的，因为这样能够比较集中地去体会画家的具体处理过程，学习到画家的技法和作品的精髓。在最初没有经验的阶段，临摹最好是在老师指导下进行，如能在老师示范后再进行临摹，效果会更好。

通过临摹去理解、学习、吸取、掌握优秀的水彩画作画的基本技法，特别是对水彩画中"水"与"彩"运用，是十分有效的学习方法，同时可以了解水彩画的绘制工具、使用方法和水彩画的性能特点。通过临摹，对于水彩画艺术的了解和吸取前人技法经验，具有实际意义。

作品名：《石榴与苹果》
尺　寸：38cm×54cm
作　者：田宇高

8.2 水彩静物画的照片改画

　　水彩画静物照片改画的学习过程，是学习水彩画最有效的途径。因为静物照片改画对象是照片，光线是相对稳定的，物体的结构和素描的明暗关系也更容易把握。静物照片改画可以选择由简入繁、由易到难的不同题材内容、不同的造型结构、不同质地特点以及不同色彩的静物照片进行改画，便于初学者学习和掌握，是提高造型能力和掌握水彩画色彩表现技法的有效方法之一。通过水彩静物照片改画的训练使我们掌握了水彩画工具、材料和使用方法，使我们比较容易地进入到用水彩表达客观物像的层面，提高了对色彩进行概括和取舍的能力，为实物静物写生奠定了基础。

| 照片改画　作者：吴兴亮

| 照片改画　作者：吴兴亮

作品名：《厨房一角》
尺　寸：36cm × 53cm
作　者：田宇高

作品名：《陶罐与红衬布》
尺　寸：53cm × 73cm
作　者：吴兴亮

LANDSCAPE WATERCOLOUR 51

8.3 水彩静物画的写生

任何画种中"写生"都是其认识自然表达自然的重要过程和必经之路。临摹和照片改画只是学习水彩画的辅助手段，决不能以此来代替写生，只有通过写生才能掌握色彩观察、分析和表现能力。静物写生是学习水彩画入门的初级阶段，水彩画静物写生一开始选择结构稍微简单、固有色容易识别的题材作为训练内容。室内水彩画静物写生题材很多，如日常生活用品、鲜花、蔬菜、瓜果、绘画专用蜡果、厨房器具、桌布、玻璃、瓷器、金属等都可以作为水彩静物写生的题材。写生对象作为静物其光源色较稳定，环境色便于观察。水彩画静物写生大多数是在室内进行，本书以室内水彩画静物写生为例，介绍水彩画的基本表现技法。

8.3.1 水彩画静物写生的方法与步骤

（1）构图与起稿。构图与起稿是水彩画静物写生的关键。首先，用画室内老师布置的静物来做构图练习，也可以学生自己着手安排一组静物，学生可以通过老师的指点学会布置静物，掌握组合静物搭配的方法。摆设静物时要注意它们的合理性和规律性，这些作为摆设静物的对象之间除了大色调还有很多微妙的内在关系，只有合理的搭配组合静物才会形成协调、整体的画面效果。画面不能把不相干的物品摆设在一起，不能违背生活的合理性，如画书房一角，你把书籍与肉、鸡蛋和蔬菜瓜果摆放在一起；画海鲜中的鱼、蟹和虾，你在旁边放一个电动工具……这些搭配就显得牵强和不自然，心理上也有一种不舒服的感觉。在静物的选择上还需要从美学上多考虑，水彩画初学者通过素描静物的学习，对于写生过程有了一定的了解。在素描关系上，首先要强调黑白灰层次和画面大关系的掌握，之后在物体造型的处理上要做到准确和肯定，并突出不同物体造型特点。而评判一幅水彩画的好坏，除造型及光影准确之外。色彩关系的处理及把握是另一个更为重要的标准。在色彩关系上，首先要注意物品色彩的明度、色相、纯度以及冷暖的色彩

对比，处理好物体的色彩关系，使色彩之间形成自然效果，才能呈现协调统一画面效果。从采光角度上，水彩静物画的光源要统一，层次要分明。一般情况下采用自然光，有时也可以采用灯光。这两种光源以灯光比较稳定，物体色彩关系也比较明确。但由于光源会有一定色相，初学时一般背景布置为中性浅色调为好，更便于观察物体的暗部色彩。用灯光时，注意投影不能过大，物品也不能布置在有大片阴影的位置。静物不要急于起稿，应选择最佳的角度，找到自己理想位置后再行起稿，选择合适的角度作画本身即为构图的一部分，是培养正确的观察方法的重要一

作品名：《有海螺的静物》
尺　寸：39cm×54cm
作　者：王青春

作品名：《瓶花》
画　法：水彩加粉画法
作　者：高文漪

步，关于逆光下画水彩画静物写生是一个难题，处理得好是一幅富有美感和意境的作品，处理不好画面容易使画脏、画灰和画暗，很难表现出逆光下水彩画的效果，初学者最好不要在逆光下画水彩画。

水彩静物画在构图、比例透明、造型方面与之前素描学习中的要求完全一致，只是由于水彩的透明效果，在用铅笔起稿阶段可要求准确和概括。

水彩画起稿不能用硬铅笔或太软的铅笔，以B或2B的铅笔适宜，起稿时用笔要轻，尽量画得细致一些，对物体的素描关系可以概括画出，不要铺明暗调子，少用橡皮擦，以免擦伤纸面，影响颜色在水彩画纸的渗透效果。起稿时，先定大的比例关系，遵循由简到繁，从整体到局部的原则，需要对物体进行提炼概括，学会多用长线直线描绘对象，抓住描绘对象形体轮廓的主要特征，注意物体的比例、透视和结构关系。

（2）铺大色调。轮廓完成后，开始着色。在进行色彩写生时，初学者往往在色彩写生上既缺乏理论的指导，又没有实践的经验，不假思索，便马上着色，这是不对的。在下笔前对所画静物做全面的分析，如静物的结构关系、素描关系等，找出明暗交界线，明确固有色关系，观察和辨清光源色和环境色色彩倾向，确定画面的色调。在一般情况下，受光面偏冷，背光面相对偏

作品名：《芒果与绿苹果》
尺　寸：54cm×73cm
作　者：吴兴亮

暖。同时，还需要分析主体与配物之间、背景与主体之间的色彩关系等，在把握对象素描和色彩的关系后便开始着色。水彩画颜色的透明性，由于水彩画着色的步骤，是从亮部画到暗部，只有深色遮盖浅色，所以先浅后深比较稳妥。为了使画面达到整体效果，水彩画静物写生开始上色时，可先从背景入手，背景形象可概括提炼，力求概括。要以较快的速度，将饱蘸水与色的大笔发挥泼色的长处，其豪放泼辣的大笔触，用湿重叠法，由浅色画到深色，把背景的内容一次性画完，这是一般的水彩静物画上色程序，这个阶段追求大调子达到和谐平衡。着色前应对画面总的色调倾向进行分析，看准颜色后下笔要肯定，从上到下，从左到右，渐次推进，逐步完成。为让画面明快，在铺大调子时，着色的遍数不宜过多，能一遍到位的地方就一气呵成，着色的遍数过多容易变脏或过于拘泥细小部分而失去水彩画的趣味和生动。为了能突出主体，也可以先画完主体静物后再画背景，这样更容易把握住画面的主次关系，也使画面的主体体积感和背景虚实变化保持整体的统一。

（3）深入刻画。这就需要从素描、色彩、质感、形体塑造到结构关系等方面进行调整，要对主体反复地比较深入刻画。深入刻画，不要单纯误解为细画，也不是在已铺完大色调的画面上重上一次水色。深入刻画时，可以干湿画法结合，不能平涂，要见到笔触，必须接着上一次水色的笔路，层层叠加点染，以求得拉开远近层次，通过笔触和描绘对象的明暗及冷暖对比，增加画面的纵深感和层次感。深入刻画要注意到重

作品名：《画室一角》
尺　寸：53cm×74cm
作　者：吴兴亮

作品名：《花》
尺　寸：26cm×38cm
作　者：高冬

点、主次以及画面的鲜活、虚实、强弱，对有一些精彩、生动的细节可以细致入微地刻画，但过分深入刻画细节，会使画面感到细碎，有时还会把精彩的笔触和响亮的色彩遮盖掉，不但达不到理想的画面效果，反而会破坏原有画面的整体和统一，因此，放与收要把握好度。最终追求整体关系的协调。

（4）画面调整。在铺完大色调和深入刻画

静物（上） 作者：陈瑞娟　　静物（下两幅）　作者：吴兴亮

后，要离开画面退后几步认真观察画面，推敲画面，有时会很快发现一些不足的地方，常常把主要的东西画得不够充分或画得不够突出，画面上往往只求水彩透明、艳丽，顾全了局部，忽略整体，画面近看还可以，远看时却发现整体与局部的关系不和谐，这就需要作调整。实际上，画面调整也是深入刻画的重要过程和步骤。

8.4　静物水彩写生

8.4.1　土陶罐和瓷器的画法

土陶罐和瓷器在生活中经常会接触到，现在美术专卖商店也有各种陶罐出售。土陶罐一般没有上釉，表画质地粗糙，颜色较为单纯，高光和反光都较弱，有的土陶罐在上部有釉，高光较亮。画土陶罐上色时，第一遍水分要多，当第一遍水分半干半湿时，用含水分少、颜料多的笔，画第二遍至第三遍。瓷器与土陶罐作画方法一样，但瓷器表画光滑，色彩也较鲜艳，高光特亮，而且边缘清晰。上色时，先用水将高光部打湿，在有水的周围着色，这样画出的高光真实但柔和。有的画家先用铅笔将高光留出一个小方块，上色时在小方块高光处留白，其效果很好，这种方法也得到了大家的肯定。然后调浅色从亮部开始画，用湿接法画中间色，再用湿接法画暗部色及反光色，反光色部分一般用偏冷或偏暖淡色湿接画出，最好不用洗涤的方法。除非反光色画深了，可以用洗涤的方法把画深的地方洗出来，洗出的反光部位干后，还需用它的反射的颜色淡淡地在反光部位涂上一层，也能达到表现反光色的效果，另外也可用反射的环境颜色洗出反光部位。

8.4.2　水果的画法

水果是静物写生中较常见的题材。水果品种很多，有苹果、梨、桃、橘子、柚子、椰子、菠萝、芒果、杨桃、香蕉和葡萄等，这些水果形状各异，颜色非常丰富。作画时水果要有主、次、前、后等，大多数水果外观呈球形，要注意它的

花卉四幅
作　者：吴兴亮

明暗层次和色彩的冷暖变化。为了表现水果的新鲜感，上色时用色要纯一些，尽量保持水果色彩的鲜美和透明感。一般先从浅和鲜艳的色彩开始画，用湿接法将水果的基本色画完，待画面半干半湿时，又用干叠画法把不足的地方层层加上，水果亮面上的高光以留白的方式表现效果好。

8.4.3　花卉的画法

花卉是水彩画静物写生的重要题材，也是最难表现的对象。花卉因品种不同，其结构有简单的，也有复杂的，其形态各异，色彩丰富，要抓住最具有特征概括地表现。为了表现花卉的新鲜感，上色时也要求用色尽量单纯一些，颜色有透明感。花卉画法步骤不一，可根据花卉对象确定表现方法，如画白玉兰形状，其虽不复杂，无叶片，未开的花瓣造型呈笔状，开的花瓣造型呈喇叭状，绘画前要对白玉兰外观进行认真观察后再刻画。上色时，一般先用清水画，后用浅色从画，用色不能重，白玉兰的花瓣可根据花的结构用湿接法画，待画面半干半湿时，再用干叠画法把明部不足的地方加一下。

8.4.4　石膏的画法

石膏是很常见的绘画材料，石膏本身凹凸不平，呈白色。可以想象石膏是用水彩表现静物中较难画的一种。首先观察石膏物体的素描和色彩关系后，画出石膏物体的基本形，观察石膏物体与环境的关系，注意空出大面积白纸，以显示

作品名：《两个罐子》
尺　寸：55cm×75cm
作　者：吴兴亮

作品名：《石膏与铜壶》
尺　寸：54cm×73cm
作　者：吴兴亮

58　园林水彩

出石膏物体的质感，并铺上大体的浅调子，按照先浅后深的表现方法对石膏物体基本调子，同时将环境色彩如衬布等也铺上一些调子以衬托出石膏物体，再从石膏物体的中间色入手，注意它的黑白灰的关系，这时水分要多，石膏凹凸不平的结构过渡要自然、流畅，要注意环境色对白色石膏物体的影响，使白色石膏物体的半明部色彩丰富有变化，要注意环境色之间的相互作用，仔细观察和比较，画出石膏物体的虚实关系和冷暖对比，不要刻画过多的细节和上过多的色彩。最后对石膏物体画面深入刻画和调整。

8.4.5 鱼类画法

作品名：《纸上的鱼》
尺　寸：56cm×74.5cm
作　者：吴兴亮

鱼的种类很多，有淡水鱼和海水鱼。鱼类大多数呈扁形，并有一定的基本色调和形式，鱼鳞在光的作用下色彩非常丰富，这需要对头部与鱼身之间的色彩进行综合分析，去掉干扰色彩，找准鱼体的基本色调再下笔。上色时，一般用湿接画法从鱼头中间色画起，接下来画鱼肚，紧接着画鱼背、鱼尾，趁湿把鱼鳍加上去。画鱼鳍时，色彩可适当鲜美一些。如鱼身有鳞片，则用水分少、色浓的画笔在湿底上小心刻画，一气呵成。画鱼也可以从鱼肚画起，鱼肚是白色的，一般在最亮处留白以表示高光，用清水轻涂在留白的四周，用水色饱满的笔画鱼身的中间色；中间色画上去后，一边与清水相溶渗化变淡，形成色彩过渡，呈现柔和滑润感；在鱼身中间色彩未干时，又以较深的颜色画鱼身上部至鱼背。注意鱼背有反光色存在，用色要有变化。接着用湿接画法画鱼的头部，使头部与鱼身自然衔接。

作品名：《竹筛子里的鱼》
尺　寸：56cm×74.5cm
作　者：吴兴亮

作品名：《鱼》
尺　寸：56cm×74.5cm
作　者：吴兴亮

作品名：《西瓜》
尺　寸：54cm×78cm
作　者：吴兴亮

作品名：《水果与陶罐
　　　　 的静物写生》
尺　寸：54cm×73cm
作　者：吴兴亮

LANDSCAPE WATERCOLOUR 61

作品名：《陶罐与水果》
尺寸：39cm×54cm
作者：龙 虎

作品名：《白玉兰》
尺寸：75cm×57cm
作者：吴兴亮（左下）

作品名：《丁香花》
尺寸：74.5cm×56cm
作者：吴兴亮（右下）

《蔬菜》陆铎生示范画

步骤：

① 打好铅笔稿后，一般按整组静物的主要物体或重点部分开始画
② 不能单独描绘一个部分，把握住整体关系，先后把所有物体都涂抹上色彩
③ 在涂抹色彩时，自始至终，都要注意物体的冷暖关系和明暗关系
④ 在整体色彩关系正确的前提下，逐步再深入描绘，直到色彩关系、质感、空间、物体的分量等都符合自己的要求

LANDSCAPE WATERCOLOUR 63

《画室一角》吴兴亮示范画

步骤：

① 打好铅笔稿后。先从浅色的物体着手画
② 整体涂上第一遍色彩后，待半干半湿用同类色列画物体的造型
③ 根据物体的质感深入刻画
④ 找出整幅画的黑白灰关系，加强整体观念，在注意质感表现的同时，要处理好物体之间的空间关系和虚实关系，最后从整体进行调整

| 作品名：《热带水果》步骤图　作　者：吴兴亮　　　　作品名：《水彩静物速写》步骤图　作　者：吴兴亮

第9章
水彩风景画技法
LANDSCAPE WATERCOLOUR

水彩画的入门是从静物画开始的。在室内可以深思熟虑地去选择和布置静物，进行构图、色彩以至于整个画面的处理，冷静地去解决要解决的问题。但在掌握了基本的色彩规律和基本的方法步骤之后，就要走出画室，到室外去进行水彩风景写生，水彩画特别适合于风景写生，水彩风景画用水调色，比较自由洒脱，容易产生水分淋漓的效果。自然的景物是训练我们观察、感受和表现色彩的对象，它可以进一步提高我们对色彩的理解和水彩画的表现能力。刚刚从室内来到室外，又会使你感到有不少新的问题，虽然我们已经进行了一段时间的室内水彩练习，但广阔的空间、庞杂的景物、多变的光线，以及不同季节、不同时间、不同气候条件下变化丰富的色彩，给初到室外写生的人来说都带来很大的难度。

水彩风景写生所描绘的对象复杂而富有变

作品名：《前门箭楼》
作　者：华宜玉

作品名：《西山八大处香界寺》
原作者：章又新
临　画：吴　丹

化，对水与色的运用技法有更高要求！也正因为这些丰富的变化，使水彩风景画充满了无穷的魅力。这就要求初学者在水彩画风景写生时，应先从简单风景作单色画入手，学会掌握水分、时间等问题。经过一段时间单色画练习后，逐渐学会多种颜色表现较复杂的风景。也可以对风景中的景物分解练习，如天空中的云、山、地面、水面、树等，特别对风景画常见景物的表现要反复练习，取得熟练的技法之后，才能对水彩风景写生挥毫自如。通过水彩风景写生练习，在构图、景物的取舍、色彩关系、艺术处理和表现手法等方面，对初学者来说都是一个锻炼和提高的过程，中国画论中的"师造化"也是这个道理。

9.1　水彩风景画的临摹

在水彩风景画学习过程中，我们遇到的最为复杂多变的色彩组成，就是自然风景。为了学好水彩风景画，可先从临摹入手，临摹是初学水彩风景画最有效的方法，通过临摹，可以学到他人的绘画方法和技巧，临摹水彩风景画同样要有好的范本，可以选择一个水彩画名家的风格反复临摹，因为每一个画家，有他的长处，也有他的短处，要临摹与自己能够理解的水彩画作品，临摹的风景水彩画作品应与原作尺寸一样，效果更好。也可以临摹水彩画作品的局部，如天空、树等，从临摹局部作品到整体作品，只要善于学习，勤于动手，水彩风景画的技法一定能得到提高。

作品名：《无题》
原作者：章又新
临　画：吴　丹

作品名：《香界寺别墅》
原作者：章又新
临　画：吴　丹

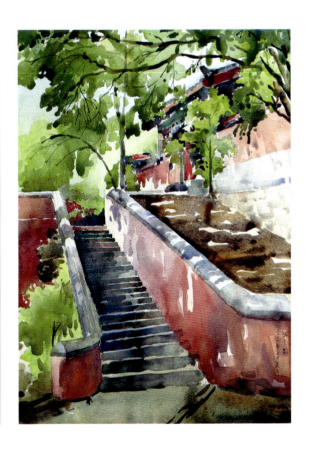

9.2 水彩风景画的照片改画

在色彩训练中，需要做的是通过有针对性的写生实践，研究客观物象在自然光或在灯光下的色彩变化规律，培养自己作为艺术家所必不可少的观察、分析、感知、认识色彩的能力，获得丰富的色彩画的专门知识，进一步提高自己的色彩审美能力。在进行水彩风景画写生之前可以通过对风景照片改画来学习和掌握风景画写生的一些方法，依靠照片改画来加深学生对于主观色彩运用方法的理解，以逐步培养对物象的观察、分析和表现的能力，并熟悉色彩变化的基本规律，提高对色彩进行概括和取舍的能力，并熟悉风景画写生的基本步骤，掌握水彩画写生的基本表现技法。

9.3 水彩风景画的写生方法

到色彩最丰富的自然界中学习、感受和表现色彩，是学好水彩画的最好方法，对提高我们的色彩绘画能力是必不可少的。自然界和生活中充满了美景，如江南的小桥流水、湖光帆景，名山大川中的奇峰峻岭、山光水色等都是很好的写生题材。我们通过对水彩风景画的临摹，以及照片风景改画提高了对自然界中的景物色彩概括和取舍的能力。面对着一片繁杂的风景，我们能够看得见的自然景物都包含着两大要素，即造型与色彩。景物的造型由点、线、面的基本因素构成，它包含着物体的结构，并组成三维空间关系；景物的色彩在光的作用下明度、纯度和色相的不同变化，存在于物体和空间中。而对我们来讲，取景就是要选定主题，这个主题中，应该有使你感兴趣的东西，也就是你想画它的东西，把对客观景物的观察所获得的视觉感受直接转换为画面色彩，需要运用光与色的结合，以个人的感受和感觉为依据，对自然色彩进行分析重组，使画面表现出更为强烈的视觉效果，也就是我们常说的画面趣味中心。法国杰出的风景画家柯罗（1796—1875)说过："在自然中首先找形，然后找色彩的关系，找调子的关系，找色彩以及描绘的手法，并且让一切服从你的感情，用一切努力表现最初的印象。"

对于处在学习阶段中的人来说，选择与自身写生基础一致的景物去反复练习，所选景物构图不要太复杂，景物远近层次清楚，在空间感方面有近、中、远的明显区分，造型整体性强，没有太多容易分散注意力的琐碎关系。画幅的大小方面也应适应自己的具体能力，不要盲目追求画大幅的画，可以先从小幅画开始，最大不要超过四开，有时为了更有把握，也可以画很小的色彩小稿。这样做无论在大关系的把握还是在构图的处理上，难度都会相应地降低。

9.4 水彩风景画的取景和构图

取景包含选景与取舍两个方面，选景顾名思义，是指在选定景物时如何确定入画景物，如何对自然景物进行取舍，并在此基础上进行构图。

照片改画
作者：吴兴亮

作品名：《婺源晓起》
尺　寸：74.5cm×56cm
作　者：吴兴亮（左上）

作品名：《贵州苗寨》
尺　寸：74.5cm×56cm
作　者：吴兴亮（右上）

作品名：《北京龙泉寺》
尺　寸：53cm×75cm
作　者：吴兴亮

LANDSCAPE WATERCOLOUR 69

所谓构图是把要表现的形象适当地组织起来，构成一个协调的完整的画面，并通过某种形式构画出来。构图在一幅水彩风景画的写生过程中是重要的第一步，好的构图是对景物认真观察和对画面反复推敲的结果。在进行构图之前，要先确定视平线的位置，有了视平线，就有了天空和地面两个大部分。视平线定得高，天空的面积就小，地面的面积就大；相反，视平线定得越低，天空的面积就越大。天空画多大要根据你想以什么为主来构成画面而确定。开始多以平视进行构图，逐步画仰视、俯视景物。另外，画面是横画还是竖画，画纸长宽的比例，根据表现意图，都要预先考虑周到。

（1）构图的韵律。韵律是美感的基础，也是构图的组织基础。通过韵律赋予作品美感和旋律。这种音乐性是各部分组合、配置的和谐，是概括统一等诸因素的配合，是在开始写生前首先要对形式和内容的高度统一。

（2）构图的规则。景物进行取舍和布局要恰到好处，将景物的主体、陪体和环境组织为一个整体，并构成完美画面，这就是构图的规则。如果一幅画的构图可以分割为几个部分，而每个部分又都能够独立存在，那就是最坏的构图。但有些看起来没有惊人之美的、很普通的景物，经过画家独具匠心的理解和处理，也能成为十分生动的艺术作品，如路边的一棵大树、村口的一堵矮墙等。重要的并不是景有多么大，而是内涵的深度和画家对景物独到的感受以及对作品所倾注的感情。只要你用自己的眼睛去观察、捕捉，用心去体会和感受，并且要抓住自己的第一感觉来确定画面的主题，取舍描绘的内容，推敲构图的完美。在此状态下进行写生，才会真正地表达出景物内在的艺术之美。

构图在传统绘画中称为章法，现代绘画中称为构成。构图是一种观念，一种设计形态。中国画称"经营位置"。取景构图要意在笔先，注重章法，要反复比较，推敲画面节奏、空间、虚实、方圆、疏密、大小、多样、统一、方位、面积等诸因素，做到整体协调。同时，构图要突出主题，突出最富表现力和感染力的部分，这种观念和能力也是要在长期实践中逐渐形成。

9.5 水彩风景画的写生观察方法

室外写生中，由于季节、时间和气候等的不同，景物的色彩变化是很丰富的，即使是同一景物，也会在不同光线条件的影响下，发生很多变化。我们在概念化地理解阳光的颜色时，往往将其与白色和黄色联系在一起，然而，实际上投射到地面的阳光由于受到多方面的影响，已经远远不是简单的白色。阳光作用于物体，产生了明暗和冷暖的变化并形成了投影，由于阳光直射和地面反射的影响，使物体暗部的色彩变化更加丰富。在阴雨天，阳光透过云层射向大地的，景物的色彩变化更具有神秘感。

9.5.1 暗部与投影

由于光线被物体遮挡，在物体背光部位的地面上出现了投影。室外写生时，因为光线的强度随时都会发生变化，投影的颜色及虚实也随之产生变化。观察投影的这些不同变化要通过比较的方法，将近处的投影和较远的投影相比，我们会发现近实远虚。将投影与物体的受光部比较，投影由于阳光的影响，常常倾向于冷色，与受光面形成冷暖对比的关系。光源色明显时，我们能够感受到补色关系的存在。同时，由于物体的暗部与投影同处在背光位置，他们之间相互影响又产生了和谐的因素。在水彩画中，处理投影时，最重要的就是要画得透明。充分利用水彩颜料特有的透明性，用干画法中的干叠法表现，也可以用湿画法中湿叠法表现，水分较饱满而肯定地画出。最好一次画完，不要反复涂抹，那样会使画面灰暗而脏污。风景画中的色彩变化与静物画一样，最忌讳的，就是将暗部简单地处理成仅仅是明度上的变化，而忽略了色彩冷暖等变化。

9.5.2 远景与近景

远景在风景画中，不管什么样的气候条件

作品名:《北欧风光》
尺　寸: 58cm × 73cm
作　者: 吴兴亮

作品名:《雨桥》
尺　寸: 56cm × 75cm
作　者: 吴兴亮

下，远景总是比近景要模糊和灰淡得多，只不过有时明显，有时不太明显。在晨雾或阴雨天的风景比较容易把握近实远虚的空间关系。然而，在比较好的光线条件下，观察远近虚实的变化就要用对比的方法了。假如我们将远景与近景分别孤立地去看，可能会觉得它们都很清楚，看不出有什么虚的地方，但如果将二者加以比较，就不难发现，无论从色彩的明度还是纯度，远景都比近景弱得多。景物离我们越远，颜色就越加灰淡，景物自身的明暗对比也逐渐减弱，逐渐地倾向于灰性的中间色调。

近景相对远景而言，近景无论从大的明暗对比关系，还是从色彩的对比关系来看，都比较明显，为了与远景的空间拉开距离，在色彩明度、纯度、冷暖以及对比关系等都要和远景区别。要注意这些大关系，如果只专注于那些细微的局部变化，我们就很容易把握不住整体关系也会失去整幅画的艺术情趣。

9.6 水彩风景画常见景物的表现

9.6.1 水彩风景画天空和云的表现

画风景画一开始接触就是画天空，天空是画中很重要的部分，在风景画中起到丰富和协调画

画　法：云的画法
作　者：吴兴亮

画　法：山的画法
作　者：田宇高

| 云的画法

面的作用。天空表现要注重观察，抓住其特点和变化规律，不同的天空可有不同的画法，它可表现季节、时间和气候，有晴天少云、晴天薄云、晴天多云、朝霞、晚霞、雨云等。天空除云彩的形状有近大远小的透视变化外，天空本身也有透视的变化。在画天空时，需要考虑天空色彩变化，特别是上午、下午和晚上天空的色彩变化，还有晴天和阴天的天空色彩是影响画面景物环境色的主要因素。由于天空色彩影响到地面和屋顶、树冠，以及水面更受到影响。因此，天空色彩经常是决定画面色调的关键。

画无云的天空时，特别是雨、雾和雪天，空气湿润，最好用湿画法，笔上水色要饱满，用湿重叠法处理比较好，当第一层淡色涂一遍后，趁湿画第二遍色，要注意天空的透视和冷暖变化。在运用水、笔触和色彩时，一般处理为，画面的上方水少、大笔触，色彩要深偏冷一些，画面的下方水多、小笔触，色彩也要淡偏暖一些，上深下浅，上冷下暖。画雨和雪天空，在画面未干时，还可适当使用撒盐法和喷洒法，以增强天空的雨雪的感觉。画有白云的天空，要以干画法、湿画法等多种技法混合使用，注意云的主次和虚实，上色时，着色要薄，笔法要概括，用大笔饱蘸调好的水色，先画白云朵后补天的颜色，因为按照水彩画绘制过程，先画亮色，后画暗色，白云比天的颜色亮，以天空的颜色衬托出白云，白云上实下虚，要画出云的体积感、明暗变化以及它的造型。注意用笔、用水和用色要准确肯定，不要反复涂改，一气呵成。水彩画由于有独特的透明效果，在表现光影的变化、营造空间的效果方面尤为突出。

9.6.2 水彩风景画山的表现

山是水彩风景画中不可缺少的题材，山画好了也可以成为一幅独立的水彩画作品。山分远山、中山和近山，远山、中山和近山画法不一样，同时要表现出远山、中山和近山的空间距离。画远山多是湿画法，用色要淡、水分要适量。水彩画远山要根据远山的具体特征，分清山

远山画法

远山画法

的层次，又因季节和天气的不同，造成远山时隐时现，云雾缭绕与天际相连的景象，要把这种感受在画面上表现出来，利用水彩的湿画法特点，趁湿衔接天空的色彩，以求得融合朦胧的远景效果，以表现虚实隐显关系，富有韵味。中山也要趁湿接远山，与远山融为一体来画，注意控制用水多少，这样有利于空间感觉的表现；近山是深入表现的重点，要运用色彩的冷暖和明度的对比，同时要分出块面，用肯定的笔触表现近山的体积和它应有的空间感和质感。画晴天的近山，阳光照射起伏的坡面，受光面与背光面很明显，要充分表现出它的体积感和色彩丰富的感觉，用色用水多用重叠法，干湿并用。表现山体时，还要注意它们的素描和透视关系，山腰以下受大气的影响，要画虚，笔上水分要多，色彩略微淡薄。

作品名：《小溪沟》
尺　寸：55cm×73cm
作　者：吴兴亮

作品名：《清杉树》
尺　寸：38cm×54cm
作　者：田宇高

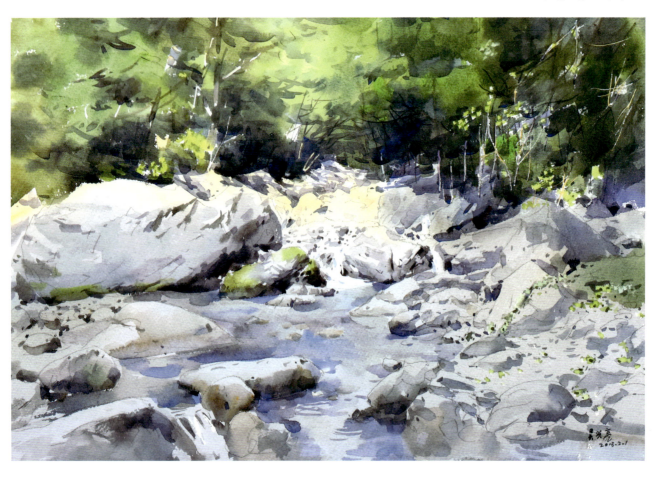

9.6.3 水彩风景画田禾、草坪、地面的表现

田禾、草坪是常见景物。画田禾要学会概括，禾苗不能一根根地画，由于田禾较平，有一定深度感，远近的层次和色彩的变化，一般用湿画法表现容易出效果。远处的田禾可以成片地用湿接画法表现，近处的禾可以用细笔画出几组禾苗的形或用干刮法刮出几条亮线以示受光的禾苗。画田禾近色要重些，用水要少一点，远处色要淡，用水要多一点，有时要画出田禾的起伏变化。画草坪常常也采用这种方法，草坪远近的色彩变化与田禾的色彩分析基本一致，整个草坪可以用同类色由浅到深的层次变化画出理想的效果。地面在风景中常遇见，如街头、小路、小巷等都有地面的存在，有阳光下的地面，阴天下的地面，其用色用水完全不同。有阳光的地面投影清晰，但着色不能太死板，阴天下的地面投影模糊，但不能没有变化。地面的色彩透视是画好地面的关键，要注意透视变化，地面的色彩随光线的变化而变化，首先要分析地面的冷暖、深浅和色彩的空间变化，力求概括，为使画面的色彩有一种起伏，可运用笔触的大小、宽窄变化来加强起伏感、广度感和深度感，同时画地面时，先用湿画法铺大色块，然后趁湿用浓色加上去，画出一些地面的冷暖和虚实变化。对地面上乱石、杂草和杂乱堆物等要概括处理。

9.6.4 水彩风景画树的表现

树木是水彩风景画最常见的景物，也是水彩风景画写生与创作中最重要的素材，尤其在水彩风景写生中画树是重要的基本功。自然中的树木种类繁多，北方和南方的树木种类大多也不相同。不同树种其形状各异，它们主要的形态特征都是从形体外观方面体现出来，其中树冠是树木最重要的特征，树冠的色彩随着季节变化而变化。画树要掌握画树要点，要研究和了解它们的基本结构与生长的规律。对树木整体形态的把握，是画树的关键环节。画树除了掌握树干、树枝和树冠的画法外，远树的画法也要掌握。同时，还要注意到树木的深度和层次关系。

各种树木生长是有一定规律的，树是先生主干，再生支干，后生枝和叶。所有的树皆四面出枝，四面生叶，从来都没有平扁的。树是靠树干支撑，树干起着主要作用，所以起稿时画树要先从主干与支干画起。树干的粗细直接关系到树

作品名：	《地面》（上）
尺寸：	38cm×54cm
作者：	高冬

作品名：	《田禾》（下）
尺寸：	39cm×54cm
作者：	高冬

冠的造型，树干根据树种不同，树干的外形也不同，质感和色泽也不一样，树干有深色的，有浅色的，树干上的分枝也有差别。在画整棵树时还要注意它受光产生的体积感，也要考虑树枝与树叶的遮挡，使树干有明有暗，有隐有现。对中景树的树干最好运用全露的画法，也就是说先将中景树枝叶的颜色铺上，待半干半湿时把树干全部画出来。画树枝也因树种不同，树枝的结构不同，树枝支撑着树冠，树枝在重叠穿插时是有一定规律的，大树和小树的枝生长规律也不一样。树冠是一棵树最关键的地方，树叶是树冠构成的重要组成部分。由于树木的种类不同，树叶的形状不同，最后形成的树冠外貌也不相同，树冠的外貌有蘑菇形、椭圆形和锥形等。树冠的外貌颜色也因树种和树木的发育不同而呈现不同的颜色，如春天树冠色彩偏黄绿，夏天偏墨绿，秋天偏橘黄色，就是同一个季节，不同的树种颜色也会不同。秋天银杏树以橘黄色为主，枫树则是倾向红色为主，冬季树叶掉落了，剩余的树叶挂在密集的小枝上呈现出灰紫褐色。

（1）画树的步骤。树干是起主要作用的，画树起稿时应先画主干和支干，然后再画主要的

作品名：《池塘边》
尺　寸：38cm×28cm
作　者：田宇高

作品名：《华山松》
尺　寸：28cm×38cm
作　者：田宇高

作品名：《林海晨雾》
尺　寸：39cm×54cm
作　者：田宇高

作品名：《会泽》
尺　寸：38cm×53cm
作　者：刘风兰

作品名：《椰树》
尺　寸：38cm×53cm
作　者：田宇高

作品名：《婺源大李坑》
尺　寸：73cm×53cm
作　者：吴兴亮（左）

作品名：《树》
尺　寸：75cm×53cm
作　者：吴兴亮（右）

枝与叶的大体形态。步骤是先用B或2B的铅笔大致勾出主干、支干和枝叶的外部整体轮廓，以及树叶的轮廓，画出主要的位置和形态，用简单的明暗色调将处于前后不同层次的各组叶簇立面形象大致分开。上水彩色时画树程序与起稿相反，先画树叶的受光部，受光部的笔触要概括，注意叶簇的整体外貌结构关系，处理好叶簇边缘的虚实变化，用大笔侧锋画，水分稍为多些，受光部半干半湿时接着画暗部，画叶簇的暗部时，水分少些，笔触密度要稍大一些，用笔的侧锋画，待暗部半干半湿时画枝干，加点小叶和细枝，最后画树的主干。远处的树除色彩画灰以外，用笔也要概括，简练。

（2）秋树与建筑的表现实例。秋天的风景写生是水彩画家最喜欢表现的题材。秋天是以树木色彩作为表现秋天的依据，如画一片成群的秋树，给人的感觉像是处在一个橘黄色的暖色调中。由于色调的影响，整个秋天的景物如天空、远山、树、地面的草地和建筑物等景物都是明显偏暖的色调。

以《清华秋色》为例。这幅画的银杏树占据了画面大部分位置，秋天银杏树的树冠由绿色变成黄色至金黄色，金黄色的银杏树是《清华秋色》描绘的重点。画面中的银杏树主要的树干，树枝被大量的银杏叶所遮挡的有隐有现，金黄一片，与周围的灰色的板房相互形成补色对比，耀眼夺目。下笔前对这幅画的最后效果要做到心中有数，首先进行观察，对银杏树的特征作一番概括，只有根据自己对银杏树的感觉和印象，才能决定这幅画的表现方法和步骤，除此之外，还要对银杏树整体的层次结构、疏密、虚实和色彩关系等方面有意识地进行加工，找出银杏树的规律性，避免在体积、质感和色彩等方面表现概念化。起稿时先用B或2B的铅笔淡淡地描绘出银杏树与建筑的形体和结构比例，注意画面上的树与树之间连接关系，严格地画出构图中的各种关系。对银杏树与建筑的轮廓尽量勾画准确，要把握好银杏树和建筑的整体结构关系，少用橡皮擦，以免擦伤纸面。当银杏树与建筑的轮廓勾好后，便开始着色，先画天空和远树，要注意天空的透视产生的空间深度，画天空多用湿接法，上部较深，下部较浅。紧接着画出远景树的基本色，铺树叶第一层颜色时，由于天空的色彩未干，用水不能太多。趁湿铺中间色，要继续保持画面湿润，两层颜色接触时能够在画面中迅速融合，第二层笔上用水要比第一层少，要注意银杏树树叶的团块的立体感，铺树叶上色时尽量留出银杏树树干的轮廓。银杏树虽然基调为金黄色，但由于叶簇受光程度不同，产生的明暗变化使树叶的色彩稍有变化，有的偏黄色，有的偏橘黄色，有的偏红褐色，同时要注意画面上色彩的冷暖变化。银杏树大调子铺完后，待前颜色半干半湿时，用较浓的色涂银杏树的深色，然后，用深暖灰色刻画树干的结构和主要的树枝暗部，细枝为最深的暗红褐色，用小笔画，画树枝要有浓淡细粗之分，树干一加，银杏树的外形和层次就出来了，最后根据画面的需要再用稍深的红褐色点上少量的树叶，随意勾勒几笔小枝干，生动自然，再加上树干的暗部。画完银杏树紧接着画周围的建筑物和地面，这些建筑物在金黄色银杏树色彩影响下，亮面偏暖灰，暗面和阴影偏紫灰，技法上采用干叠画法和湿画法表现相结合，要注意地面透视变化，地面的投影色彩随透视的变化而变化。

9.6.5 水彩风景画石的表现

石头可大致分为两大类，一类为"自然山石"，包括山上的石和江、河、湖、海中的石头，海边礁石是较为多见的描绘题材。

另一类为园林中设置的各类石头，其中比较常见的有：湖石、青石、黄石、石笋等。

对于石头的描绘在中国画，尤其是山水画中有着悠久和成熟的历史，特别是介子园画谱中对于如何画石有详尽的阐述及画例，大家可以认真学习、研究、借鉴。

水彩与中国水墨画在水、墨、色、纸等方向有着诸多相似之处，在画法上也同样有着很多相通相融的地方，因此多有可借鉴学习之处。

作品名：《清华之秋》
尺　寸：54cm×73cm
作　者：吴兴亮

水彩画在表现石头时的画石原则与中国画中画石原则一致，即"石画三面"，在技法应用上可以有效发挥水彩画自身的特点以及优势，应干湿并用，一般画石头着第一层色时，多用湿画法，大色块铺完，等画面干后，刻画石头的结构，用色强调整体和大关系，要运用色彩的冷暖和明度的对比，分出块面，用肯定的笔触表现石头的体积和体积感，多用重叠法。表现石头时，还要注意它们的素描、透视关系和虚实关系。

9.6.6 水彩风景画建筑物的表现

建筑物是风景写生中的重要角色，常见的建筑有楼房街道、亭台楼阁以及桥梁等。依照园林专业学习特点，在风景写生课程中应适当加入少许建筑结构内容，因其不同于艺术院校偏重于感觉表现，因此必须了解亭台楼阁的基本结构，并要将这些建筑比例结构画准。建筑类型很多，有用木材建造的、有用竹材建造的、用砖建造的、用砖木建造的、用石块建造的，等等。这些建筑中，它们的屋顶、墙面造型和材质也是多种多样的。不同的建筑风格有不同的色彩表现，特别是中国园林亭台楼阁古建筑色彩非常丰富，尺度比例适当，这类建筑具有鲜明的造型风格和独特的形式语言，它们的顶、檐、门和窗都是很有特色，显示着特有的气质和风韵，作为写生对象最为适宜。在阳光下色彩明快，对比强烈，造型坚实而丰满，与树木融为一体，在环境气氛的衬托下，使严谨的园林古建筑更富有变化。

表现建筑物时，环境与远景采用湿画法，主体建筑物采取干湿并用，在最后可用干画法表现建筑的体积结构与丰富的色彩关系。水彩风景写生中常遇到与建筑相关的景物，如台阶、石墙、石门、海边石头，以及道路上的车和行人，这些石头体积结构的造型和道路上的车，以及行人有时可起到丰富画面的作用，同时增加画面的丰富和生气。

9.6.7 水彩风景画水的表现

水彩画擅长表现水，水包括江、河、湖、

石墙画法

台阶画法

台阶画法

石板与石墙画法

作品名：《婺源村口》
尺　寸：74.5cm×56cm
作　者：吴兴亮

作品名：《贵州苗寨》
尺　寸：74.5cm×56cm
作　者：吴兴亮

海洋、小溪、瀑布等，要画好水必须摸清水在静止状态下和流动状态下的规律性，静止的水更多地是表现其中的倒影和波纹。流动的水所表现效果是不同的，水本身是没有太多色彩的，首先它会受到天空光照的影响，同时反射出天空以及周围景物关系。因此，要画水倒影和波纹，画静止的水，应考虑到天空颜色的影响而呈水天一色，可用画天空的颜色直接画水面，会更为真实而生动。实际上水的颜色除了天空颜色外，还包含了各种影像，如水面周围的树木、岩石和建筑物等，表现静止的水离不开水面上物体和水中倒影的配合，但要注意水中景物比水面景物的色彩、在明度和形体等方面都减弱了，就表现水面上物体的投影或倒影时，其色彩的冷暖、明暗对比与受光面水形成很大的反差。水在静止状态下，水中景物形体与水面景物要相一致。有波纹的水因为是风或人的行为如划船、担水等产生的，所以在表现有波纹的水时，要注意水中的景物形体因水的荡漾所引起水中倒影的变形。初学者画水前多观察，做到心中有数，用水用色都要画准，用笔要肯定。画水一般用干湿结合画法，湿画法多用于铺大色块的水画、远处的倒影和波纹，待水面干后，用干画法画表现流动的水和近景的倒影。

画大海时要观察大海天光水色的变化规律，巨石击起的白色浪花，表现浪花的白色部分是在着色前时留出来的。在画浪花时用干画法表现，用笔概括，洗练，把握好虚实关系，画出浪花大的效果后，对补留白时不如意之处再使用洗和刮等技法，飞溅的浪花，很自然地跃然纸上。

9.6.8　水彩风景画雪的表现

雪景长期以来是水彩画家乐于选择的题材，特别是北方冬天的雪景十分美丽。在雪的作用下，画面的色调变得非常统一。下雪时，较暗的天空和景物的暗部与洁白的雪形成对比，使画面产生明亮的感觉。过去用水彩画雪景时，有的画家常用白粉弹在未干的画面上，有的画家用三角刮刀在涂有深色的地方刻画出白色小点，白色的

作品名：《青岛》
尺　寸：74.5cm×56cm
作　者：吴兴亮（左上）

作品名：《婺源小李坑》
尺　寸：74.5cm×56cm
作　者：吴兴亮（右上）

作品名：《婺源正午阳》
尺　寸：74.5cm×56cm
作　者：吴兴亮（左下）

作品名：《红灯笼》
尺　寸：73cm×53cm
作　者：吴兴亮（右下）

作品名：《水乡》
尺　寸：73cm×58cm
作　者：吴兴亮

作品名：《绍兴》
尺　寸：73cm×54cm
作　者：吴兴亮

粉点和刻出的白点好像雪花似的。留白胶在画雪景时也经常使用，如画面中落叶树的干和树枝上和常青树的积雪，都可以使用留白胶技法将其遮盖，在留白胶清除掉后，用浅蓝灰色塑造树干主茎等投影时，也要画出积雪的投影，使留白胶留出的白雪自然。现在用撒盐的特殊技法来表现雪景，撒盐法是在铺色的过程中趁第一遍颜色未干时，撒盐在画面上，画面干后可出现一种雪花般特殊效果，为了表现画面的景深效果和各种下雪的景象，撒盐可以分几次进行。表现没有雪花的雪景，一般是用一大块偏灰蓝色调平涂在屋顶和建筑群周围，以衬托出建筑物的屋顶和地面覆盖着厚雪，接着画屋顶积雪中的投影和带暖色调的建筑群暗颜色，以及建筑群的投影。

9.6.9　水彩风景画船的表现

渔船丰富的色彩和在水中展现出精巧的构图是写生绘画中常见的题材，尤其是青岛崂山以及海南等沿海地区的渔船非常具有特色和画意。画渔船时，先画船身，要画好船身，先要了解渔船外部结构，渔船的船壳包括船侧板和船底板；之后观察渔船的色彩倾向，以及渔船与水的关系和天空色彩对渔船的影响，还有渔船与渔船的关系等。画时，先用渔船的基本色铺一层，趁湿稍加明暗关系，注意渔船的冷暖变化，待半干半湿时对渔船画第二遍并加一些外部细小结构，如画几只渔船时要注意它们的虚实关系，注意渔船远近距离，远处船水分要多，色彩要画得单纯而结构简单一些，近处船水分要少，色彩尽量画得丰富而结构完整。画渔船时，要根据渔船船板外形的方向运笔。

9.7　水彩风景画写生方法与步骤

水彩风景写生的步骤与水彩静物写生大体一致。但由于风景景物的复杂性，对初学者来说会不知从何入手，由于缺少风景画面合理安排的能力和表现能力，特别是对远景、中景、近景构图

作品名：《溪》
尺　寸：26cm×43cm
作　者：田宇高

水的倒影画法
作　者：田宇高

作品名：《瀑布》
尺　寸：26cm×43cm
作　者：田宇高

作品名：《河边树》
尺　寸：26cm×38cm
作　者：田宇高

作品名：《风雨楼》
尺　寸：54cm×73cm
作　者：吴兴亮

作品名：《崂山海边石头》
尺　寸：56cm×74.5cm
作　者：吴兴亮

作品名：《涛声》
尺　寸：56cm×74.5cm
作　者：吴兴亮

| 船的画法四幅
| 作　者：吴兴亮

安排。为了解决这个问题，在写生时，可用两只手的拇指和食指搭成一个取景框或用硬纸板做一个小取景框，通过这个方法可将进入景物组织成一个生动的画面，这样对风景构图就容易多了。

水彩风景写生步骤：画面的取景构图确定以后，用B或2B铅笔起稿，水彩风景画写生起稿要简略，一般采用速写形式起稿，起稿要求画出写生对象的形体、比例和结构。在下笔之前要对写生对象的远近层次、素描关系、基本色调和景物的取舍等进行观察和分析，一定要注意构图和透视关系，一幅风景画，构图和透视对了，基本成功一半。铅笔定稿后，接下来针对画面的需要确定水彩画表现技法，如什么地方用湿画法，什么地方用干画法，这些都需要进行设计，用大水彩画笔铺远景的颜色，远景的颜色偏冷灰并用湿画法表现，最好能一遍画成。远景画完后趁湿接着画中景，对中景和远景的景物的形和结构要尽量画具体，明暗关系要注意有虚实感觉，颜色稍多，用水要少一些，要有色块或笔触感，铺上大体色，要把握好色彩的第一感觉和总体色关系，把基本色调确定下来，在这个基础上调整画面就变得容易多了。

9.8　水彩风景画速写

在水彩画学习过程中，多画一些小幅的水彩速写，通过小幅的水彩速写练习，便可在短时间内把你的感受和色调抓捕到你的画面上，能概括地表达对象。画速写水彩，尽量不要去描绘细部，强调整体效果。

| 作品名：《清华校园速写2幅》 尺　寸：28cm×38cm　作　者：高　冬

| 《会泽民居》水彩速写四幅　尺　寸：28cm×38cm　作　者：吴兴亮

88　园林水彩

作品名：《深秋》
尺　寸：38cm×54cm
作　者：华宜玉

作品名：《农家小院》
尺　寸：38cm×54cm
作　者：刘凤兰

《雪景》田宇高示范画

此画是著名水彩画家田宇高教授外出写生时的示范作品,画的是山区雪景。采用横构图,白色的雪占了画面的大部空间,裸露面积小,增加了画面冬天的特点,画面以银灰色为主调。

步骤:
① 画天空色彩,上部偏暖,下部偏冷,乘湿上远树的色彩
② 画雪景的基本色,接着画远树枝。画中景的树枝、树叶,色不宜太重。加上景暗部的色彩
③ 用较重的色画近石山,笔触要肯定有力,同时调整画雪细部

作品名:《雪山》
尺 寸:38cm×54cm
作 者:田宇高

《婺源木房子》吴兴亮示范画

该画的内容是以婺源的木建筑为主体，画面中表现一个深秋的上午，阳光洒在这些建筑群上，产生了形影生动的画面。

步骤：
① 用3B的铅笔勾画建筑群的轮廓
② 用水打湿纸面，趁湿画天空和建筑群的大色调。画出建筑群的黑白灰关系和冷暖关系
③ 表现建筑的疏密造型，深入刻画建筑附属的物体，运用干湿结合和用笔的不同，使画面丰富光影感觉

作品名：《婺源的木房子》
尺　寸：56cm×75cm
作　者：吴兴亮

LANDSCAPE WATERCOLOUR　91

作品名：《婺源小李坑》
尺　寸：74.5cm×56cm
作　者：吴兴亮

作品名：《家乡》
尺　寸：38cm×54cm
作　者：何启陶

作品名：《海岸》
尺　寸：38cm×54cm
作　者：田宇高

作品名：《草垛》
尺　寸：56cm×74.5cm
作　者：吴兴亮

LANDSCAPE WATERCOLOUR　93

作品名：《阳光》
尺　寸：54cm×73cm
作　者：吴兴亮（上）

作品名：《门色门外》
尺　寸：74.5cm×56cm
作　者：吴兴亮（左下）

作品名：《晨曦》
尺　寸：53cm×38cm
作　者：吴兴亮（右下）

作品名：《苗寨一角》
尺　寸：38cm×54cm
作　者：吴　卉（上）

作品名：《贵州梧江吊脚楼》
尺　寸：74.5cm×56cm
作　者：吴兴亮（左下）

作品名：《绍兴柯桥》
尺　寸：75cm×53cm
作　者：吴兴亮（右下）

作品名：《早市》
尺　寸：38cm×54cm
作　者：王家儒（上）

作品名：《小巷人家》
尺　寸：54cm×39cm
作　者：杜高杰（左下）

作品名：《贵州石头房子》
尺　寸：74.5cm×56cm
作　者：吴兴亮（右下）

作品名：《水乡情》
尺　寸：54cm×73cm
作　者：高文游（上）

作品名：《会泽老房子》
尺　寸：54cm×38cm
作　者：吴昌文（左下）

作品名：《农家小院》
尺　寸：54cm×38cm
作　者：吴昌文（右下）

第10章
水彩渲染与园林常见景物的水彩表现
LANDSCAPE WATERCOLOUR

园林专业学生学习水彩画，除审美体验与修养外，最主要的目的是园林设计的需要。掌握好水彩画表现语言，就如同给园林设计艺术表达插上翅膀，通过水彩画技法简便易行的合理运用，使观者在园林设计效果图上能一目了然地领会设计者的构思意图。

地球环境各不相同，呈现出了不同的景观，人类生存其中并进行改造和治理，使之更符合需求，园林艺术设计就是这些需求之一。人们将这些景观大体分为自然景观和人文景观两大类，山川、河流、瀑布、湖泊、海洋、沙漠、原野、云彩、森林、树木、花卉、动物等，属于自然造物景观；人类的再创造，如园材造景、道路、桥梁、生产生活设施、机器用具等，属于人文（人造）景观范畴。在现实生活中，经常面对需要设计改造的景观对象，常兼有自然景观和人文景观，所以这两方面的绘画表达学习，缺一不可。我们眼睛所能见到的景物，都是用绘画语言进行艺术表现的对象。本书前面关于水彩画训练章节中，已介绍了一些自然景物的表现手法，本章从风景园林造园内容可能涉及的要素中，选取部分常见的、典型的人造景观建筑与小品，作为水彩画表现实例介绍给设计者以供参考。

10.1 水彩渲染

学习建筑或园林设计一般都要学习渲染，渲染是建筑或园林学科的学生的必修课，渲染分钢笔水彩渲染、水彩渲染和水粉渲染。但目前开设建筑、园林或风景园林专业的院校，所设的渲

渲染一　作　者：佚名

| 渲染二　作　者：章又新

色调练习，通过临摹练习逐步掌握水彩和钢笔水彩渲染的基本技法。特别是钢笔水彩渲染，艳丽的水彩罩染在钢笔黑色线条上，互相衬托，相得益彰。

水彩渲染步骤与方法：

1. 裱纸

水彩渲染前往往把水彩纸浸泡到湿透或直接把纸对着水龙头淋，平放画板上，然后用水胶带粘好（用质量不好的水胶带固定水彩纸容易皱起，不如用刷乳胶的方法），四边贴好，不要留空隙，等水完全干后，纸就自然平了。如果有空气纸面起包，要重新把水彩纸完全湿一下，然后重新用水胶带把四周粘平（切记画板要平放），最好在纸上盖上湿毛巾，这样可以让纸的四周先干，被湿毛巾盖的地方后干，在干的过程中纸会收缩，这样就会变得很平整。经过水裱的纸张再着水色不易皱起。

2. 平涂

首先是将裱好纸图板前段稍垫高，形成15度

染课程多以水彩和钢笔水彩渲染为主，运笔表现均匀的着色，水彩渲染通过调节加水量的多少来控制，在水分合适的状态下，运用大笔触，色彩是一遍又一遍地渲染上去，没有笔触，透明的水彩颜料表现其色彩变化微妙，画面醒目，颜色透明，能很好地表现所描绘的对象。

水彩和钢笔水彩渲染表现的工具多用中国的大、中、小白云毛笔，细部描绘结合钢笔、衣纹笔或叶筋笔等。颜料可选用国产和进口的水彩颜料，通过水彩画技法练习掌握色彩知识。

水彩和钢笔水彩渲染技法都可以从临摹入手，练习并掌握一般建筑透视图的构图布局、黑白灰处理和造型刻画等基本手法，学习渲染的基本知识和基本步骤与方法。首先要选择好表现对象，完成裱纸技法、钢笔线描构图、明度退晕和

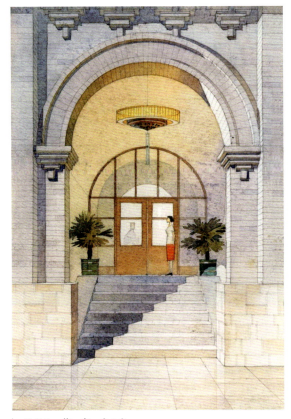

| 渲染三　作　者：章又新

渲染四　清华大学建筑学院学生作品两幅　作　者：佚名

角的斜面，便于着色时水色流淌。然后用含水量大的毛笔蘸足量的水色，按照从左到右，从上到下的运笔方法一气呵成。待第一遍色完全干透后再画第二遍色。运笔时，不要随意改变方向，如出现不均匀等问题，都要等画面完全干后，再进行修图处理。

3.退晕

退晕一般是从浅到深、从暖到冷。往往是准备深、中、浅3种颜色杯。从浅到深退晕时，浅色从纸的上部向下部画，注意最好勾出浅到深范围，蘸浅色画完浅色后，蘸中色，接色时要速度要快，画完中色，紧接着再蘸深色画，这样待画面色块干燥后会形成均匀的色彩过渡。如果每一个阶段所画的色块都衔接得好，可使整个画面的色彩会出现均匀而无笔触。如果画面需要反复叠加，都要等一遍色完全干透后再画另一遍色，干一遍画一遍。冷暖退晕可以先画暖色的深浅退晕，干后反方向再画冷色的深浅退晕，叠加后形成从暖到冷的自然过渡。

渲染的运笔以水平，垂直和环形3种运笔方法为主。天空、地面和大面积大片渲染的时候多用水平运笔，小面积渲染多用垂直运笔，退晕多用环形运笔，环形运笔过程中水色不断地均匀调和，画出来的效果柔和渐变。

渲染五　作　者：章又新

作品名：《古树》
作 者：华宜玉

作品名：《青枫绿屿》
作 者：宫晓滨

LANDSCAPE WATERCOLOUR 101

作品名:《寺庙》
作 者:华宜玉

作品名:《虎丘》
作 者:华宜玉

作品名:《园林建筑》(右下)
作 者:华宜玉

作品名：《家庭花园》
作　者：章又新

10.2　园林亭、台、楼、阁的水彩画表现

园林设计中，园林建筑常会置于重要地位。一般而言，建筑首先起到是遮风避雨的实际功能，而在园林中，则要在满足使用功能基础上，更要满足观赏功能的需要。从审美愉悦的观点出发，园林中配置亭、台、楼、阁等建筑作为景观点缀，虽然所占面积不大，却在园林中起着重要的点睛作用，某种程度上超过它的实用性。

中外园林建筑设计，不论其承载的人文价值差异有多大，均离不开空间造型，均为实用和审美之构造物，它必定会从地面（或承载体）中延伸，有顶、底、墙、柱、孔、材质、色彩等形式构件，归纳起来不外乎是多种立方体、柱体、球体、锥体的组合，有较为清晰的轮廓线。园林建筑无论细节有多丰富，从整体结构上都可以理解成放大的几何体，就像"静物画初步训练"章节中的"形体概括法理解对象"的方法来理解建筑的造型，然后再配上色彩和细节刻画，建筑形象便会跃然纸上。

园林建筑水彩表现大致要注意四点。第一、要注意构图，建筑的大小、尺度、形式必须考虑到是否与环境匹配。例如，背景是较亮的天空，建筑造型与色彩可安排的余地较宽泛；若背景是深色的树林，建筑颜色不可太深太重，否则整体明度过于低沉，达不到理想的效果。园林规划设计与园林绘画有着同样的道理，只是将二维空间的构图与布势拓展到更大范围的三维空间中去了。画面不好看，景观也同样存在不美观的问题。第二、要注意用水，画法上不宜太湿，水分多了会虚边，造成外轮廓坚硬的线条软化与背景黏连。缺乏建筑应有的坚挺和质感。初染大色调可略湿一点，待第二层刻画再用半干的小笔来处理局部。第三、要整体安排光源（主要是太阳光）投射的方向，从而便于考虑受光面、背光面、反光及投影之间的冷暖色彩差别处理，让建筑更有空间立体感。第四、要关注艺术性处理，

《山庄》效果图渲染 作 者：章又新

作品名：《桥》
作 者：章又新

作品名：《天津李公祠》
作 者：章又新

LANDSCAPE WATERCOLOUR 105

除了将构造物画好画准确外，它在园林环境中并不是孤立无援的，有植物、动物、山石、流水为伴，半遮半掩，相得益彰。

10.3 园林、台阶、别墅与园林小品的水彩画表现

园林中的其他景观构造物，都有其造型特征，或高或低、或方或圆、或长或短、或过水、或蜿蜒等，都会因构造及材质的不同而呈现各自的风格。在写生之前，可以做一些小稿练习或临摹，以更好地把握这些景观构筑物的特征、材质、肌理及色彩等；或先做一些无背景的单体小练习；或用前文讲过的铅笔淡彩、钢笔淡彩等方法辅以表达，待熟练掌握之后，再根据画面的主题或构图的需求，将对象置于景中相应的地方。大体步骤是由浅至深，逐渐表现对象特征。但有些需要一次完成上色之处。如小径旁的青草地、较窄的马路、颜色干净的围墙、大块的鹅卵石等，都需要饱满肯定的用笔用色，这些经验的取得，需要画者在实际操作中去体会积累，画多了就会举一反三，触类旁通。

纵观园林史，就会发现人类追求美好事物，追求舒适怡然的生活愿望是永无止境的。自然界里的美好造物，都会被搬入园林或加以利用。园林环境，容不得与自然不和谐的因素存在，设计者必须一丝不苟地对待每一个人造物，大到水库大坝、高压线铁架、烟囱，小到一个花盆、垃圾箱、喷泉口或一个小水道井盖，都要认真处理，使其与整体空间氛围相协调。

园林设计表现图中内容是多种多样的，水彩表达手段也应丰富多彩。譬如画桥，选角度就很重要，桥总是与水相伴，如果只画桥面，看不见桥下和水就觉得画得不自然，应该选择侧面、半侧面或鸟瞰俯视去表现，在笔画上也要区别出坚固的桥体和飘逸的水面及植物。又如画高低不平的台地连接路径，如俯视，台阶踏步常常会被高点遮挡掉，表现力就不太强，如果换为仰视角度，效果则好得多，若因设计需要又避不开视点时，可通过加大俯视角度来弥补。画道路、阶梯要注意台阶立面和道牙立面受反射光的影响，若阶梯有青苔则需要考虑其暗部的色彩。再如园门、栅栏、喷泉、花器、装饰雕塑、庭园灯、标识牌、座椅、泳池与水塘等，这样一些小品设计物件，应当选择其最美的立面或角度以及最能传达其色彩与质地的色光对比效果去描绘，以求达到最佳的艺术感染力。刻画时注意区别砖石、陶瓷、竹木、金属、水泥（混凝土）、玻璃、水体、发光体等常见材质间的不同肌理表现，有时同一材质的物件因光反射不同而造成色彩差别，再加上光影投射方向、环境色影响、青苔、水迹、锈痕、雾雨、风沙、早晚阳光、夜色等因素

作品名：《紫藤》
尺　寸：45cm×35cm
作　者：高文漪

影响，变化更是丰富多彩。若要熟练地、合理自然地表达现实，必须经常动笔练习，勤思考，积累多种虚实处理手法，大量储存形象和色彩符号于心中，使用时便可随心所欲，信手拈来。

10.4 园林景观的综合水彩表现

园林景观绘画随着观者的视角及表现的主题，大致可分为广视角、中视角和局部视角。广视角更多地让观者看到整体的园林空间关系及园林元素；中视觉一般为局部的空间氛围，突显某一个角落空间情趣；局部视角则表达某一个视觉趣味点或某一个构筑物，多指园林景观小品之类的情趣空间。在设计广视角及中视角的场景时，画面的景观元素一般比较多，根据画面的主题把其他元素合理的构图、组织是构图的重点，也是画面处理层次和空间的主要环节。大致分为六步：

第一步，用铅笔勾出该图的大体轮廓透视关系，把握准高低大小及远近的比例尺度，简单求证一下透视消失线与倾斜线的主要走向。初学者往往难过这一关，常常不是把东西画大了，就是画小了，各种物件的比例不协调。如车子进不了车库；人进不了房子（门小了）；或者把一层楼画成了三层楼高；一个花池大如房屋等。因此，透视图的理解训练尤为重要，画多了就会自觉地检测出透视反常的问题。

第二步，处理好建筑、道桥、树木、天空、水面等物体在构图中相应位置，并作刻画造型的工作，同时还要符合设计平面布局、立面形状、剖面结构图的要求，符合规划规定。广视角的图面要反复考虑、仔细核对综合因素是否有误。完成了这些程序，才可以关注局部。在染色铺画的过程中，也会出现走形的情况，随时进行修正；整体格局不能失衡，否则会变得幼稚滑稽，成为儿童涂鸦。

第三步，再一次审视画面的艺术性是否符合美的法则，模拟的时空是否真实，审美主题是否明确。如统一、均衡、参差、对比、协调、冲突、庄严、幽默、简约、丰满、崇高、委婉等，是否与主题协调。

第四步，跟其他绘画的方法大同小异，找光源、找阴影和投影，根据已构出的造型铺染第一层大调子，细节可暂不考虑，要求干净简练，以轻快、透明为佳。

第五步，便是在大色调完成呈半干状后，用稍小的笔进行局部重叠，深入进入细节刻画阶段，但注意重复次数不宜过多，以避免出现画面发"灰""脏"等现象。

作品名：《玉兰花》
尺　寸：45cm×35cm
作　者：高文漪

《半亭》宫晓滨示范画

高墙下角落里一幢小巧"半亭",与植物、山石组成独特的角隅景观,环境幽静,栖息清新。此画采用"冲水"法将墙上斑驳适当地表现出来,建筑色彩朴素,调子统一。全画大部分由"黑、白、绿"三个基本色相组成,较好地体现了南方私家园林淡雅与含蓄的地域风貌。

作品名:《半亭》
尺　寸:54.6cm×37cm
作　者:宫晓滨

《积翠亭》宫晓滨示范画

步骤：

① 画面选择了江南颇具特色的半亭和湖石景观为表现对象，在确定构图并起好轮廓后便开始着色，首先本着由浅到深的水彩绘画原则。首先从画面主体形象的周边物体入手，这样既可使画面明确清晰，又能更好把握江南居民的色调及黑白灰关系。同时注意逆光情况下，白墙的色度应比天空稍暗一些。树冠的亮、灰、暗色块最好一遍衔接过来，先使它"润"一些为好

② 从画面构图的整体关系出发，画面下部的灌木与左侧的立石应从"先亮后暗"的顺序着色。要留意建筑内墙面的稍暗色块"上暗下灰"的渐变关系，同时要注意色彩的冷暖变化，为深入刻画与整理做好准备

③ 紧紧抓住江南居民"白墙黑瓦"的建筑特点，在周围浅色调基本辅好之后，便要重点画出建筑以及山石中的暗部颜色，画的过程中要注意它们之间在明暗以及色彩上的变化及呼应关系，同时为下一步深入刻画做好铺垫

作品名：《积翠亭》
尺　寸：53.5cm×37.7cm
作　者：宫晓滨

第11章 水彩画中应注意的问题

LANDSCAPE WATERCOLOUR

水彩画是以水调色作画，作画时水与色彩常处于一种流动状态，色彩能相互渗化，取得一种水色淋漓、色泽透明的效果。但水彩画技法特别是水的控制难度较大，偶然性时常发生，水和色的运用技法的高低，是决定一幅水彩画艺术水平的重要因素。对园林专业初学者来说，学习水彩画一定要多练，特别是水分的掌握，作画时控制水分是画好水彩画的一个关键。初学水彩画不能像油画、素描等画种那样反复涂改，上色遍数过多，会使画面脏、灰、火、花、闷而失去水彩画明快、流畅、透明的特点。下面针对画水彩画中容易出现的问题简述如下。

11.1 画面"脏"的问题

在画水彩画时，初学者的画面出现"脏"的现象，首先是没有掌握好画面的色彩关系，特别在观察对象的颜色时，没有找准物象色彩的有机关系，加之调色和绘制时不肯定、犹豫和反复涂改，这样就会造成画面"脏"的问题。很大程度上是没有掌握颜料的性能和调配的方法，如褐色、蓝色、紫罗兰、深红色、黑色等在画亮色及浅灰色时要慎用，这些颜色用在物体的暗部问题不大，在亮部出现就容易污染画面；另外初学者绘制过程中，由于过分紧张很容易把素描关系上的黑白灰层次与色彩上冷暖对比关系处理不当，在画面上出现了不该出现的色彩，调色时，①颜料种类不能相加太多，尽量控制在三种以下，否则也容易出现"脏"的情况。②另外对此色相加时要把握调配比例和补色色相，如把控不好也易出现"脏"的现象。③用笔次数过多和反复修改也易造成脏的情况。解决画面"脏"的问题，要改进色彩的调配方法，加强对水彩画水分、时间和色彩的训练，下笔要肯定，减少笔在画面上反复的次数，当然这需要多次在画面画"脏"的实践中总结出画面不"脏"的经验。

11.2 画面"灰"的问题

画面水分未干时，颜色与水混合在一起，看起来画面效果还不错，但待画面干后，画面往往会出现"灰"的问题，画面的效果不响亮，这是初学者画水彩画普遍遇到的难题。问题出在对色彩的明度对比和纯度对比掌握不够，着色时使用复色过多，而且两种以上的颜色在调色盘里调色时反复混合，使颜色调得过均。另外一个深层次原因是没有注意到画面色彩的明暗关系是与素描关系息息相关的，一个物体在一个固定光源的照射下，必然会出现强弱、远近和虚实的物象，有的初学者为了保持水彩画的水味，疏忽了画面上的素描关系，该深的地方不敢深，高光没有留白，素描关系上明暗对比不强，使画面出现"灰"的感觉。另一种情况是绘画的材料问题，注意水彩画纸的选择，画纸不好，颜色粉质重也容易使画面发灰。要解决"灰"的问题，要有意识地加强对比色的运用，在调配颜色时，大胆增加色彩的纯度，在高光部位注意留白，提高色彩明度的对比。此外，画水彩画注意水分和色彩的运用的同时，坚实的素描基础是画好水彩画的根本保证。

11.3　画面"火"的问题

画面中的颜色感觉"火"是指画面缺乏互补和呼应关系，使画面产生不协调和躁动的感觉也是初学者怕画面"灰"和"粉"，一味强调和追求色彩纯度造成的。主要原因是对光源色、固有色和环境色的分析比较理解不够，使画面的色彩过于单调。另外，有的初学者不敢用水调色或用很少的水调色，使画面上的颜色相互渗透不够，缺少中间色也是原因之一。

11.4　画面"花"的问题

水彩画的画面感觉"花"，是由于初学者在绘制过程中，色彩关系把握不好，颜色过纯，画面冷暖颜色对比夸大，没有统一好画面的色彩关系，便会显得乱和"花"；对水彩画中的水分掌握不好，到处出现水渍斑斑；大笔触和枯笔过多，飞白过多也会使画面显得琐碎。从素描上分析，初学者有的把暗部的反光和亮部画得一样的亮，把几个组合的物体亮部和灰色画成一样，有的暗部画浅了，亮部画重了，物体的黑白灰关系在运用色彩时混乱了都会造成画面"花"的现象，画面的亮部前后空间由亮而灰也是有差别的，如果没有区别好，在亮部出现几笔多余的颜色，使画面不统一，也会出现"花"的情况。在使用特殊技法时，过分刮、擦、吸等或产生了不需要的水渍，破坏了画面色块肌理，这些也都是画面"花"的原因。总之画"花"的原因很多，归纳起来就是没有把握好画面的大关系。

11.5　画面"闷"的问题

在进行色彩写生时，画面上出现"闷"的问题，同样也是水彩画技法掌握不熟练，特别是没有把握用水和用色技巧，没有掌握调色方法或笔上水分少，蘸色后反复在调色盘中调色，使颜色过分均匀，甚至色彩变浑浊，上色后又在画面上左涂右改，以致造成画面无透明感。除了水分不足，透明感不够外，还有色彩关系问题，即色彩关系没有画准，缺乏色彩的冷暖变化引起的"闷"。

11.6　画面"薄"的问题

初学者为了追求水彩画中水味和透明感，运用湿画法表现对象时，对水分的把握不准，误把充足的水分和薄画作为画水彩画的标准，忽视了画面中物体或景物的质感，待画面干后就会出现色彩不饱和，画中物体或景物没有分量。也就是说画笔上的水分多了颜色少了，导致水色干后画面变浅，没有厚度和质感了。

第12章
水彩画作品的鉴赏
LANDSCAPE WATERCOLOUR

园林专业的大多数学生在进校前是没有绘画基础的，对水彩画的表现技法更是缺乏了解，进校后通过一段时间的素描、色彩和水彩画训练，有了一定的绘画表现能力和鉴赏能力，但对水彩画来说，还只是初步的认识，还需通过对水彩画作品的鉴赏来提高审美和鉴赏能力，使其知道什么是好的水彩画。水彩画的鉴赏是学习水彩画的一种好方法，我们通常称这种方法为读画，也就是说绘画不能光埋头画，还要学会读画。通过读画了解水彩画家的技法，认识画家的风格和理解画家作画的过程，提高自己对水彩画艺术理解能力和处理的能力。

作品名：《戒台寺》
尺　寸：30cm×38cm
作　者：华宜玉

作品名：《西部组画之二十》
尺　寸：38cm×52cm
作　者：董克诚

作品名：《佤寨早晨》
尺　寸：50cm×60cm
作　者：高　冬

LANDSCAPE WATERCOLOUR 113

作品名：《通向郊外的铁桥》
尺　寸：70cm×52cm
作　者：董克诚

作品名：《农家》
尺寸：53cm×74cm
作者：刘凤兰

作品名：《树皮屋》
尺寸：39cm×54cm
作者：田宇高

LANDSCAPE WATERCOLOUR 115

作品名:《山坡》
尺　寸: 55cm×75cm
作　者: 刘凤兰

作品名:《拂晓》
尺　寸: 38cm×55cm
作　者: 杨义辉

作品名：《卧雪》
尺　寸：39cm×53cm
作　者：李振镛

作品名：《加拿大温尼伯公园》
尺　寸：30cm×50cm
作　者：漆德琰

LANDSCAPE WATERCOLOUR 117

作品名：《青岛站》
尺　寸：48cm×78cm
作　者：张举毅

作品名：《再建高炉》
尺　寸：70cm×108cm
作　者：张举毅

作品名：《泊》
尺　寸：53cm×75cm
作　者：吴兴亮

作品名：《婺源篁岭》
尺　寸：56cm×73cm
作　者：吴兴亮

作品名：《侗乡银装》
尺　寸：41cm×53cm
作　者：田宇高

作品名：《红船》
尺　寸：58cm×75cm
作　者：沈　平

作品名：《石板街》
尺　寸：41cm×53cm
作　者：田宇高

LANDSCAPE WATERCOLOUR 121

作品名:《林中小溪》
尺　寸: 53cm×73cm
作　者: 刘凤兰

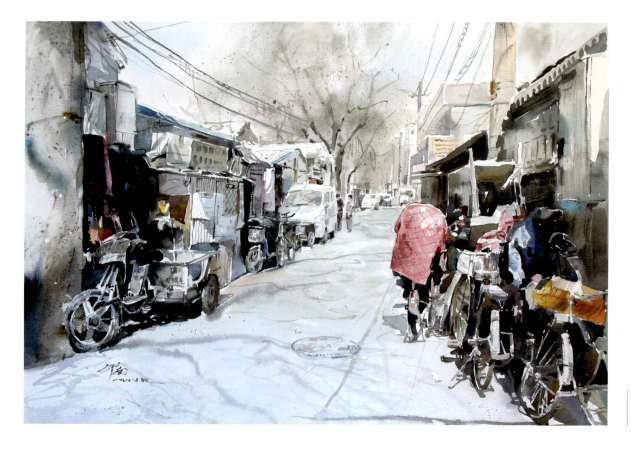

作品名:《北京清晨》
尺　寸: 54cm×73cm
作　者: 蒋智南

作品名：《老树》
尺　寸：38cm × 54cm
作　者：王　宣

作品名：《留园冠云峰》
尺　寸：36cm × 53cm
作　者：杜高杰

作品名:《水乡》
尺　寸: 58cm×75cm
作　者: 谢维岷

作品名:《船》
尺　寸: 53cm×73cm
作　者: 朱志刚

作品名：《清华园之一》
尺　寸：55cm×75cm
作　者：高　冬

作品名：《翁丁》
尺　寸：55cm×75cm
作　者：高　冬

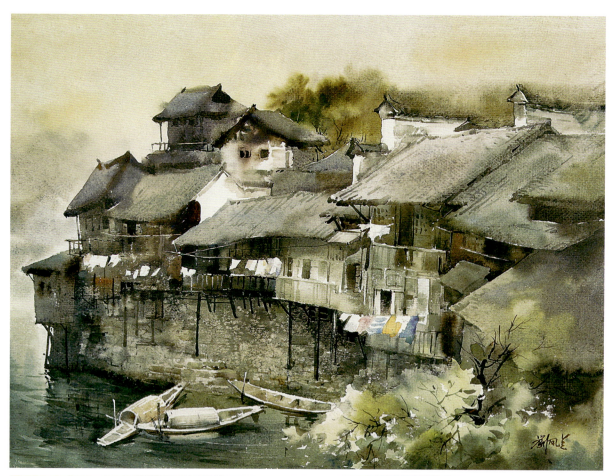

作品名：《芙蓉水乡》
尺　寸：58cm×75cm
作　者：刘凤兰

作品名：《西班牙古城龙达》
尺　寸：55cm×75cm
作　者：贾曦强

作品名：《钧瓷瓶的静物》　尺　寸：74.5cm×56cm　作　者：吴兴亮

作品名：《秋》
尺　寸：58cm×75cm
作　者：周宏智

作品名：《丹麦风光》
尺　寸：58cm×75cm
作　者：周宏智

作品名：《停泊》
尺　寸：55cm×74.5cm
作　者：蒋智南

作品名：《木屋》
尺　寸：52.5cm×77cm
作　者：宫晓滨

作品名：《铁花门》
尺　寸：210cm×179cm
作　者：高文漪

130 园林水彩

作品名：《侗寨瑞雪》
尺　寸：54cm×38cm
作　者：田宇高

LANDSCAPE WATERCOLOUR 131

作品名:《荔枝》
尺　寸: 56cm×75cm
作　者: 苏家芬

作品名:《秋染农家》
尺　寸: 54cm×74cm
作　者: 关维兴

品名：《贵州侗寨增冲》
寸：74cm×53cm
者：吴兴亮

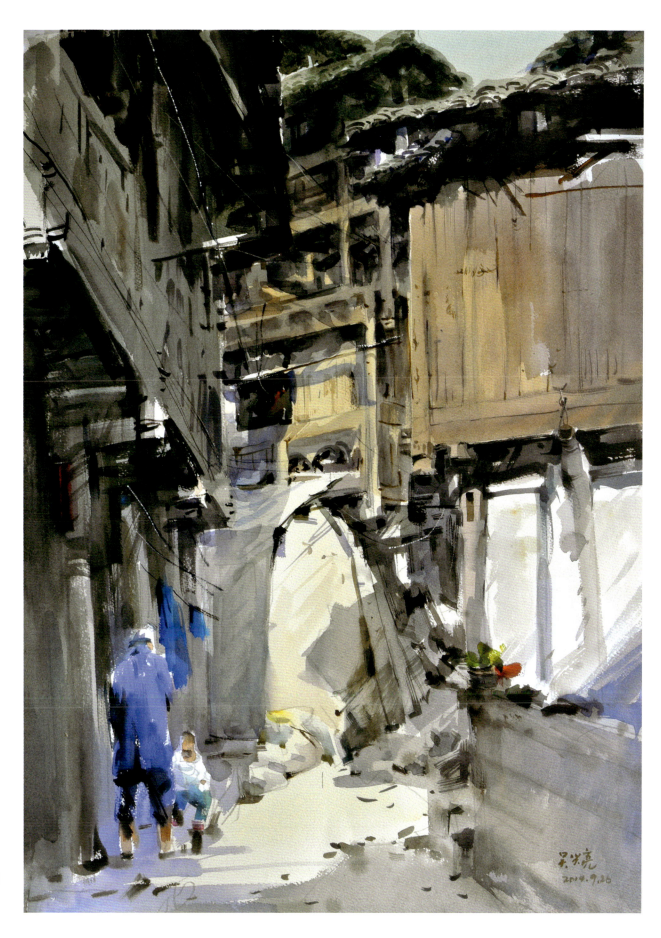

LANDSCAPE WATERCOLOUR 133

作品名：《婺源冬天的阳》
尺　寸：56cm×75cm
作　者：吴兴亮

作品名：《石桥》
尺　寸：53cm×78cm
作　者：陆铎生

作品名：《蓝花瓶》
尺　寸：73cm × 54cm
作　者：吴兴亮

参考资料

LANDSCAPE WATERCOLOUR

1. 李剑晨．水彩画技法[M]．上海：上海人民美术出版社，1958.
2. 里奇蒙、利特尔约翰著．水彩画技法[M]．张隆基译．天津：天津人民美术出版社，1980.
3. 华宜玉．水彩建筑写生[J]．新建筑，1983，1，40-46.
4. 郭明福．水彩画[M]．台北：艺术图书公司，1985.
5. 李煜培．现代水彩画法研究[M]．台北：雄狮图书股份有限公司，1985.
6. 漆德琰．漆德琰水彩画作品与技法[M]．成都：四川美术出版社，1988.
7. 安德鲁·威尔顿著.英国水彩画[M]．李正中，姚暨荣译．北京：中国文联出版社，1988.
8. 张举毅．水彩静物画技法[M]．长沙：湖南美术出版社，1990.
9. 高冬．建筑水彩画写生与分析[M]．哈尔滨：黑龙江科学技术出版社，1994.
10. 钟蜀珩．色彩构成[M]．杭州：中国美术学院出版社，1994.
11. 王双成．世界水彩画鉴赏[M]．石家庄：河北美术出版社，1995.
12. 赵云龙，王建斌．水彩风景技法画例[M]．哈尔滨：黑龙江美术出版社，1998.
13. 蒋跃．水彩静物、风景画面法图解[M]．杭州:浙江摄影出版社，1999.
14. 格雷格·艾伯特，雷切尔·沃尔夫著．水彩画技法[M]．郝文建译.沈阳：万卷出版公司，1999.
15. 黄俊基．静物水彩[M]．上海：上海大学出版社，2001.
16. 安宁．色彩原理与色彩构成[M]．杭州：中国美术学院，2001.
17. 刘远志，杜筱玉．色彩静物[M]．武汉:湖北美术出版社，2002.
18. 陈重武．新色彩构成[M]．天津：天津美术出版社，2003.
19. 曹志强．色彩构成[M]．长沙：湖南美术出版社，2003.
20. 平龙．水彩风景写生创作[M]．上海：上海人民美术出版社，2004.
21. 保罗·芝兰斯基，玛丽·帕特·费希尔著.色彩概论[M]．文沛译．上海：上海人民美术出版社，2004.
22. 罗伯特·詹宁斯著．钢笔淡彩画[M]．严莉译．上海：上海书店出版社，2004.
23. 威廉·牛顿著．水彩画[M]．钟志强译．上海：上海书店出版社，2004.
24. 刘昌明，谢宁宁．水彩画技法[M]．北京：中国纺织出版社，2004.
25. 曾宪荣．水彩风景画技法[M]．长沙：湖南美术出版社，2004.
26. 漆德琰．水彩[M]．北京：中国建筑工业出版社，2004.